看图读懂狗狗心理

从动作·表情·行为·习惯中
读懂的105件事情

[日] 藤井聪 编著

孙中荟 译

人民邮电出版社

北京

图书在版编目（CIP）数据

看图读懂狗狗心理 /（日）藤井聪编著 ；孙中荟译
. -- 北京 ：人民邮电出版社，2020.4
ISBN 978-7-115-52488-1

Ⅰ．①看… Ⅱ．①藤… ②孙… Ⅲ．①犬－动物心理
学－图解 Ⅳ．①B843.2-64

中国版本图书馆CIP数据核字(2019)第243712号

- ◆ 编　　著　[日]藤井聪
  译　　　孙中荟
  责任编辑　王雅倩
  责任印制　陈　犇
- ◆ 人民邮电出版社出版发行　　北京市丰台区成寿寺路 11 号
  邮编　100164　　电子邮件　315@ptpress.com.cn
  网址　https://www.ptpress.com.cn
  涿州市般润文化传播有限公司印刷
- ◆ 开本：880×1230　1/32
  印张：7　　　　　　　　　　2020 年 4 月第 1 版
  字数：233 千字　　　　　　　2025 年 8 月河北第 23 次印刷
  著作权合同登记号　图字：01-2019-3996 号

定价：45.00 元

读者服务热线：(010)81055296　印装质量热线：(010)81055316
反盗版热线：(010)81055315

在英国，有"狗是人类最好的伙伴"的说法；在日本，选择与狗狗一起度过人生旅程的人也不断增多。然而，爱狗人士增加的同时，我觉得能明白狗狗心理的人正在减少。

很多狗主人会单方面觉得，"我没办法理解狗狗的心情，加深交流是不可能的"，之后就放弃了与狗狗的交流。但这种行为就像战斗之前就举白旗投降一样。

确实，想要与狗狗交流并非易事。原因在于狗狗不能通过语言来传达自己的想法。正因如此，它们会动用全身，或者用叫声来传达自己的心情。

当爱犬开始叫的时候，有些主人会生气，马上对狗狗说，"吵死了！""不要叫！"。确实，在日本，许多人在公寓或者市区的住宅区养狗，只要有一点狗叫声就会吵到邻居，为此受到抱怨也不是什么罕见的事，毕竟有些人对狗叫声很敏感。

但是，狗狗的叫声并非出于任性。只有人类才会觉得"狗狗在瞎叫"，包括狗的主人在内，其实狗狗的叫声里隐藏着它想表达的心情与想法。狗狗是因为想要表达信息才叫的，主人却单方面觉得它们在瞎叫，这是大错特错了。

我们人类会一直重复诉说自己的主张，直到对方明白了为止。狗狗也是这样，所以它们才会一直汪汪地叫。

如果主人能够明白狗狗的心理，采取正确的方式去应对，狗狗觉得满意了，也就不会再接着叫了。主人要是能读懂自己的爱犬到底想要什么，也就没有必要害怕邻居的抱怨了。

饲养狗狗时还有一点需要注意的是，要让狗狗有牢牢追随主人的意识。关于这一点，也有不少爱狗人士会反驳，"宠物也是家人，它们也不会喜欢一直跟着主人。"

前言

确实，宠物也是家人，对此我没有异议。但是，有很多主人误读这句话，认为将宠物视为家人是溺爱宠物。宠物不是玩具布偶，它们是活生生的动物，并且是重视主从关系的动物。

从小被主人溺爱长大的狗狗，会产生"我是这个家的老大，想干什么就干什么"的想法。因为觉得自己是"老大"，就不听主人的话，一旦觉得不满，对主人产生攻击行为的情况也不少见。

有些主人会说，"我们家的狗太任性了我不知道要怎么办……"，其实造成这种局面的是主人自己。如果最后变成弃养的情况，对主人与狗狗来说都是不幸的事情。

狗狗原本就是乐于跟随主人的动物，所以即使我们教导它跟随，狗狗也不会有任何不满。要是一开始就好好地训练它，狗狗自己也能找准自己的位置，就不会做出令人困扰的举动。

就像"犬类是人类交往时间最长的朋友"这句话所说的那样，狗与人类的交往从一万年以前就开始了，一直延续到现在。因为打交道的时间久，人们对于犬类的本能与心理已经研究透彻了。但是我从以前就觉得，因为记载这些的书，大多只是专业书，所以对爱犬人士增进与狗狗的交往并不能产生很大的影响。

本书旨在帮助养狗新手成长到专业级的饲养人员。读完这本书，应该就能明白，之前与狗狗的接触方法有哪里不对，之后应该如何与狗狗相处。

希望这本书能够帮助主人与狗狗顺利交流。

藤井聪

第2章 狗狗的习惯和心理

第3章 狗狗的行为和心理

第4章 狗狗的身心

第5章 公狗和母狗的行为学

第1章
狗狗的动作
和心理

1

摇尾巴不一定代表开心

让我们从动作来了解狗狗的心情吧

因为狗狗不能说话，只能通过动作表现自己的想法和心情，所以如果主人不能很好地通过狗狗的动作了解它们的心情，就不能顺利地和它们交流。

许多狗主人抱怨，"狗狗都不和我亲近""狗狗一点也不听我的话"。

但是，究其原因，还是由于狗主人没有正确地读取狗狗发出的表达心情的信号。站在人类的角度，想着"因为……，所以肯定是这样"，但是与狗狗所想的大相径庭也是常有的事。比如说，对摇尾巴的动作的理解。"狗狗摇尾巴说明它很开心"，抱着这种想法的人貌似不在少数，然而这是大错特错的。

"虽然狗狗看起来很开心啊，但是伸出手想摸摸它时却被咬了"这类事件发生，并不全是狗狗的错，不理解狗狗心理的人类才是罪魁祸首。

一般来说，狗狗会在对面前的人类、犬类及物体感兴趣的时候注视着他们摇尾巴，但这绝不是表示友好的意思。

当来家中拜访的人是第一次碰面的时候，也有狗狗摇着尾巴稍显兴奋地前去迎接，但这恰好是它表达"这真是个奇怪的家伙，他会不会是敌人啊"这一想法的证据。

这个时候要是客人误以为狗狗在欢迎他，冷不防地要去摸摸狗狗的头的话，狗狗就会觉得"啊！他要攻击我了！"，从而进入兴奋的状态，然后客人可能就会被结结实实地咬上一口。为了防止这种情况的发生，在狗狗摇尾巴时请不要会错意。

狗狗即使摇尾巴了，也不一定是因为高兴

这人真奇怪，是敌人吗

距今约 1.5 万年前，人类与犬类开始共同生活。据说当时犬类作为最古老的家畜，与人类一起过着穴居生活。犬类的基因容易发生变异，现已有 400 多个品种。

尾巴向上的不同摆法

表现狗狗不同的心情

警戒心与尾巴摇摆频率有关

　　某种程度上，我们可以根据狗狗尾巴摇摆的方向和频率来了解狗狗的心情。

　　比如说，尾巴向上直立，缓缓摇摆，说明狗狗此时自信满满。此时狗狗心里想的是"我真了不起啊"。如果此时突然有人觉得狗狗可爱，想要去摸摸它的头或肚子，狗狗会想"这个下等的人要对我做什么？"，于是很有可能抗拒人类的触摸，并且咬人一口。

　　在这种情况下咬人的狗狗，想传递给人的信息是"还是我比较厉害，不要摸我"，仅此而已，所以一般并不会给对方造成很严重的伤害。

　　同样是尾巴向上摇摆，小幅度快速摇摆的时候，表示狗狗已经进入警戒状态。有时第一次见面的狗狗会摇着尾巴接近你，但这并不是在欢迎你，而是表达自己的警惕心——"是谁进入了我的地盘？"。

　　这种时候，如果你说着"好可爱的狗狗啊，乖"之类的话伸出手去摸狗狗，是很危险的。因为此时狗狗已经准备咬你了，就算是小型犬也不能掉以轻心。

　　如此，我们大概可以从狗狗尾巴的摇摆频率来了解它们的心情了。具体来说，狗狗尾巴的摇摆频率体现了警戒心的强弱。总之，尾巴小幅度快速摆动是它们警惕心强的表现。

　　而尾巴摇摆速度逐渐缓慢下来是狗狗警惕心渐渐消除的证据，也可以说是狗狗正在慢慢接纳你。

　　由于不管什么时候都必须考虑到个体差异的存在，所以请注意，即使是同样的摇摆方法，狗狗的心理也不尽相同。

尾巴缓慢摇动
＝
警惕心弱

尾巴小幅度
快速摇动
＝
警惕心强

开心时尾巴向下摆

嘴角上扬也是开心的表现

狗狗在开心的时候，尾巴是如何摇动的呢？首先，腰微微下沉，尾巴下垂，然后以画圆的形式摇摆来表现自己的开心。

需要注意的是尾巴摇动的部位。如果狗狗感到开心或是想向主人、其他狗狗示好的时候，会动用尾巴根部的力量来摇摆。

反之，如果只是尾巴尖端小幅度摇动的话，说明它正处于警惕状态。尾巴微微下垂的时候，最好也不要轻易靠近它。

奖励或是喂食的时候，也会出现尾巴微微下垂摇摆的情况，但此时狗狗是在表达"要给我这么好吃的东西吗，谢谢你"的心情。主人如果边说着"不用谢"，边摸摸狗狗的脑袋，能让主人和狗狗的关系更上一层楼哦。

顺便提一句，意大利的某项研究结果表明，狗狗在表达开心的情绪时，尾巴会向右大幅度摇动。我们人类的大脑分为左脑与右脑，左脑掌管情绪，所以右脸容易表现出人最真实的反应，也许狗狗在这方面的构造与人类是相同的。

如果只通过狗狗摇摆尾巴的方法不能很好判断其心情，请试着观察狗狗的表情吧。

我们人类在笑的时候嘴角会上扬，其实狗狗也是一样的。如果我们从正面来看，狗狗在开心的时候，嘴角也是上扬的，看起来就像是在笑。而一般情况下，狗狗伸着舌头是因为嘴部处于放松的状态。

除此之外，清楚大声地发出"汪"的叫声也是狗狗开心的证据。虽然狗狗的叫声可能会给邻居带去困扰，但这个时候就不要骂狗狗了，原谅它们吧。

用尾巴来表达心情

尾巴
向上

处于警戒状态时
尾巴直立，只有尖端
小幅度快速摇动

缓慢 ———————————————— 快速

开心的时候
尾巴下垂，从根部开
始摇动。嘴角上扬，
吐出舌头

尾巴
向下

狗狗的尾巴也有骨头，和身体的其他部分一样，如果受到强烈
撞击或者被夹到了也会出现骨折或者脱臼的现象。大力地拉或者弯
曲尾巴，也会出现受伤不能活动的情况。幼犬的尾巴尤其脆弱，如
果受到伤害，可能会让狗狗残疾。

害怕时会将尾巴夹在后腿中间

试着平视狗狗吧

战败逃走时有"夹着尾巴逃走"的说法，事实上这句话是由狗狗的动作衍生而来的。也就是说，狗狗在恐惧不安的时候，会把尾巴藏在后腿之间。再仔细观察，就会发现此时的狗狗处于弓腰缩背的状态。

这个时候狗狗在表达"我没有想要和你针锋相对，不要再攻击我了"的心情，狗狗觉得自己正处于一种被逼迫的情况，如果你看到了这种状态的狗狗，就不要再做出会带给狗狗恐惧感的动作了。

如果你想要接近狗狗，重点就在于不要站着，而是以蹲着的低姿态去接近它。通过平视狗狗来降低其恐惧感。不要正对着它，试着用身体侧面或者用背部对着它，假装自己没有在看它。如果出声去安慰狗狗的话也许会适得其反，加重狗狗的恐惧心。这种情况在不善战斗的小型犬或是胆小的狗狗身上时有发生。有些人觉得狗狗的行为有趣，执拗地想要逗逗它，但俗话说"兔子急了也会咬人"，如果狗狗受到声音的"挑衅"，可能会抱着必死的想法来反击你。

因为是自卫的绝地反击，狗狗一定会下狠嘴咬你，再次恳请大家不要给处于恐惧状态的狗狗再施加压力了。

除此之外，虽然不是把尾巴夹进后腿，但如果狗狗出现尾巴耷拉着，摇动的时候有气无力的情况，大概是它的心情不太好。如果狗狗拒绝进食，不时地蔫蔫叫两声，此时应该是其身体状况出现了异常，请尽快带它去医院吧。

由于恐惧不安而瑟瑟发抖的时候

尾巴夹在两腿之间，
弓着腰缩着背

不要攻击我

放低姿态，试着
边用温柔的声音
叫它边摸摸它吧

身体不舒服

身体不舒服的时候

尾巴耷拉着向下小幅度地摇动

拒绝进食，叫声蔫蔫
的时候尽早去医院吧

小知识

由于人工繁殖，出现了不同颜色和样子的狗狗，但是它们有一
个共同的特征：嘴部周围、脸颊的下方、肩膀的后方会比周围的毛
色淡。这些地方成为了狗狗打架（地盘争夺）时下嘴的目标。

竖耳朵表示警惕或者威吓

也有察觉危险的说法

在耳廓的弹性软骨的作用下，有些人的耳朵可以说动就动。虽然人类的耳廓弹性软骨已经退化，但是还是能做出这个动作。不会动耳朵的人，只是他的软骨忘记了如何去做出这个动作而已。

与之相对，除了人类以外的许多动物，它们耳廓的弹性软骨十分发达，而狗狗的耳朵尤其灵活。大概因为如此，狗狗的耳朵也能体现出它的心情。

比如说，狗狗的表情很平静却突然把耳朵竖起来的时候，说明它在警惕着什么，才扩大了自己的注意范围。

即使是比格犬和蝴蝶犬这些很难察觉到耳朵动作的垂耳犬类，如果仔细观察的话，还是可以发现它们动耳的瞬间。这种状态下的狗狗，嘴角上扬，嘴巴微张，伸出舌头，是在表达自己开始对这个东西感兴趣。

同样是突然把耳朵竖起来，如果狗狗把耳朵微微向前倾，露出牙齿，皱起鼻子，咧开嘴巴的话，就是在威吓对手或是彰显自己的地位。即使是垂耳犬类，耳朵发力时，从水平方向看过去也能发现耳朵是轻微上扬的。

在室内或者自家院子里发现狗狗做出这种动作的话，请向狗狗注视的方向看去，也许是因为入侵庭院的猫，或是突然出现的物品，把它们拿走的话，狗狗就会平静下来。

说起犬类，大家都知道它们的嗅觉很灵敏，其实它们的听觉也比人类的敏感。

和犬类共同生活的古人，通过狗狗耳朵的动静来判断猎物的方向，或是察觉危险，这也是因为狗狗能感受到我们察觉不了的某些东西吧。

用耳朵来表达心情

警惕
表情平静，耳朵
"唰"的一下立起来

咦，什么啊

抽动

有兴趣
耳朵"唰"的立起来，
嘴巴微张吐出舌头

看起来蛮有趣的嘛

突然
停止动作

威吓
耳朵稍向前倾
露出牙齿

呜～

什么啊
这个家伙

小知识　犬类的耳朵与人类一样，分为外耳、内耳、中耳。只是犬类的听觉比人类灵敏，而且犬类可以听见人类听不到的20000赫兹以上的超声波。

狗狗的心情

耳朵耷拉下来时需小心判断

是服从还是恐惧

耳朵向后耷拉这个动作包含了许多意思，需要我们引起注意，因为相同的动作可能表达的是截然不同的意思。如果主人会错意，也许会丧失掉狗狗对自己的信赖。

狗狗的耳朵耷拉下来的时候，如果它表情平静、没有露出牙齿、不皱鼻子的话，就是在表达"我会服从你的指示，让我们好好相处吧"这样的友好态度。

这是向对方表达尊敬时的表情，如果狗狗对主人做出了这种表情，可以说主人对狗狗的驯化做得很好了。

这个时候，狗狗左右摇动尾巴，嘴角上扬，嘴巴微张，是在试探着问主人"你可以陪我玩吗？"。主人首先要回应狗狗"我知道你在说什么哦"，在时间允许的情况下，能陪它玩耍是再好不过的了。

在狗狗的耳朵耷拉下来的时候，如果突然向左右探出，那是因为它想着"嗯？很奇怪啊""好害怕啊"，进入了防卫状态的表现。

想要狗狗按主人的想法行动时候，比如说，让狗狗乘车时，如果出现了上述的情况，这是它拒绝乘车的表现。

如果狗狗的耳朵处于左右探出的状态，又露出牙齿皱起鼻子，这说明它现在内心非常恐惧。这个时候如果硬要让狗狗乘车，它很有可能会攻击你。

狗狗的耳朵前前后后并且向下摆动没有停住的时候，那是因为它在思考要怎么办才好。在它想清楚之前，就请主人在一旁默默守护它吧。

一起玩耍吗

耳朵向后耷拉

耳朵左右探出

左右缓慢摇动尾巴

好奇怪啊

露出牙齿、皱起鼻子
都是恐惧心强的表现

小知识

犬类听觉优于人类的表现不仅在于收听到的频率范围比人类广，判断声源的能力也十分优秀。立耳犬类能瞬间判断32个方向的声音，是人类的两倍。不单单是因为耳朵内部的构造，这种出色的能力与它们的耳朵可以自由活动也有关系。

抬起前脚上下摆动表示想要避免纠纷

狗狗感到不安时表现的动作

这样的动作被称为"镇定信号"。挪威的图瑞·拉各斯（Turid Rugaas）发现，这是狗狗感到不安和焦虑时为了让自己镇定下来所做的动作。这种行为与我们人类感到焦躁时会挠头，感到不安时会无意识地抱臂类似。

通过这个动作，狗狗可以避免自己与其他狗狗或狗主人产生冲突（比如打架）。

比如，被主人以外的人牵住了狗绳的时候，经常能看到狗狗做这个动作。虽然也会有人会错意觉得狗狗是要和自己握手，但其实狗狗是在说"我被不认识的你牵住了绳子，所以我很紧张。但是我并没有想要攻击你的意思，不管怎么样让我们好好相处吧"，这个时候我们应该压低身子，一边轻抚狗狗的头，一边告诉它"我也希望能与你好好相处哦"。

狗狗抬着前脚，向人作揖一样点头，并且左右跳来跳去时是在邀请你"一起玩吗？"。

但是，点头的频率如果过高，则是狗狗对眼前的东西或者是对你抱有警惕心的表现。这时如果不小心靠近狗狗的话，它可能会过于害怕然后攻击你，请谨慎判断狗狗点头的原因。

除此之外，狗狗还会有抬着前脚一动不动的时候，这是它发现了猎物或者敌人时处于极度紧张状态的表现。如果狗狗看向的地方有小鸟之类的宠物，在它朝那处猛扑过去之前，把那处的宠物移走，或者大声告诉它"不行！"。

犬类基本上都喜欢玩耍，狗狗从出生一直到四个月大的时候，通过与母亲和兄弟姐妹玩耍，就可以达到所需的运动量。四个月后就可以带它们进行散步之类的户外运动了。最开始的时候一天一次，一次 10~15 分钟即可。

腹部向上是狗狗最大的让步

和狗狗玩的时候，它们会仰躺着把腹部朝上。这种举止不端庄，也不是为了要巴结主人才做的，它们只是用这个姿势来传达一种完全服从的信号"我最喜欢你啦，百分之百信任你哦"。即使你不能理解狗狗的意思，也请不要因为觉得这个动作不雅观而呵斥它。

我们再来仔细观察一下狗狗仰卧时的样子吧。如果表情看起来很开心，那么它在传达"我最喜欢和主人玩啦"的心情。但是，如果狗狗把脸扭向一旁，将尾巴卷向腹部的话，就表示它正处于一种非常紧张的状态。

这是狗狗在遭遇比自己更强大的同类时会摆出的姿势。把脸转向一旁是为了避免和对手有眼神的交流，从而抑制双方之间的紧张态势的蔓延。而卷起尾巴则是为了告诉对方"我投降了，不要攻击我啊"。

狗狗最脆弱的地方是它们柔软的腹部。因为腹部没有毛的保护，被咬上一口的话很可能造成致命的伤害。所以狗狗做好了可能会死的准备才对你亮出了腹部，这是它们最大的让步了。

在仰躺的情况下，有些狗狗会漏尿，这并不是它们在害怕什么，而是再现幼犬时期被它们的母亲舔腹股沟促进排尿的场景。也就是说，此时的狗狗正在向你传达"我就像你的孩子不是吗，所以不要攻击我啊"的信息。

与此同时，有些狗狗虽然对你露出了腹部，但在你靠近的时候还是会咬你。此时展露腹部是为了让你放松警惕，从而引诱你上钩的手段。往好了说，这只狗狗很聪明，但也可以说它很狡猾。不管什么时候，遇到这种情况，请无视它对你亮出的腹部吧。

彻底服从
仰躺着露出腹部

最喜欢你了

我投降

处于紧张状态
脸扭向一边，尾巴
向腹部卷曲

小知识　爱犬对你亮出腹部的时候，请轻轻摸摸它的肚子，检查是否有异物。南非有一只杜伯曼犬吞下了手机，通过手术才取了出来。据说在做开膛手术的时候，除了手机，还取出了小石块。

身体轻微打颤表示不情愿

告诉它「不要怕」吧

明明身体并没有被雨水打湿，狗狗却做出了轻微打颤的动作。主人会觉得"是不是它身上哪里痒痒了？"，其实不然，这个动作里也隐藏了重要的信息。

比如说狗狗和主人散步的时候，如果迎面遇上了曾经治疗过它的医生，它就会做出打颤的动作，这个时候的狗狗在向你传达"不要啊，我是不会过去的"的信息。

也有以一动不动的方式来直接表达自己心情的狗狗，它们知道自己任性的行为会惹主人生气，所以也有心理负担。这个时候，通过打颤这个神奇的动作来向主人撒娇并传达自己的不情愿。

因为被带到了不喜欢的地方，狗狗会产生紧张的情绪，这个时候，主人可以试着对它说"不要怕""不要担心"，从而缓解狗狗的紧张。

除此之外，有些我们觉得疼爱狗狗的行为，对它们来说，是让它们不开心的导火索。比如说，主人觉得狗狗鼻子湿湿的，会拿毛巾或纸巾去擦。其实狗狗鼻子湿湿的是因为要沾染空气中的气味，如果鼻子变干了，狗狗的嗅觉灵敏度就会大幅度下降。所以，此时狗狗打颤就是为了要向主人传达"喂喂，不要擦我的鼻子"。

当狗狗做了自己不想做的事情的时候，主人的安慰是很重要的。试着放低身体，温柔地摸摸它，夸奖它，"真棒，你做的很好哦""你真棒"。这样一来，狗狗就能够得到满足。

舔主人的脸是狗狗的本能，但不能放任成性

不能让它学习错误的动作

有些被外出的主人留下看家的狗狗发现主人回来的时候，会"咻"的一下窜到主人面前，疯狂地舔主人的嘴周。

主人看到狗狗前来迎接虽然很高兴，但是被口水糊了一脸，变得黏糊糊的话确实让人头疼，对化了妆的女性而言尤其如此。

其实这是因为狗狗把主人当成母亲，在向主人撒娇。因为狗狗是在向主人撒娇，如果此时主人呵斥"啊呀，不要舔我"，赶走狗狗，狗狗就会失望地想"你是不是不爱我了"，然后抱着"不要骂我，我要向你展现我更多的爱"的想法，更热情地舔主人的脸。

话虽如此，主人是否应该边抚摸它边说"好啦好啦，乖孩子"呢？如果放任狗狗舔主人的脸，它会变本加厉，直到再也不听主人的命令。

如果放任狗狗产生"舔舔主人，他会很开心"的错误想法，它就会养成舔主人脸的坏习惯。

这个时候，试试对狗狗下"坐下""停"的命令吧。通过下达指令，可以有效抑制狗狗的兴奋情绪。

等狗狗平静下来了，摸摸它的脑袋和脊背吧。这么做狗狗就不会形成"舔舔主人的脸会让他变得高兴"的想法了。

据说狗狗舔主人嘴周的行为源于它们的祖先——狼。小狼舔母亲嘴周的话，母狼会把腹中的食物吐出来喂给小狼。

总之，舔嘴周可以看成狗狗在向母亲索要食物。

停

抑制狗狗的兴奋
不让它们养成舔
主人脸的坏习惯

小知识

狗狗被称为嗅觉动物。如果主人喷了香水或者穿了别人的衣服，原本亲近主人的狗狗就会疏远或是攻击主人。这是狗狗比起眼睛更擅长用鼻子辨别周围事物的证据。

镇静地盯视是在表示诉求

狗狗期待着吃饭、散步

正如之前所说的，狗狗与人、与同类之间，如果视线交汇了，它就会陷入警惕状态。狗狗一般不会用凶狠的眼神瞪着自己的主人。如果发生了这种情况，那是因为狗狗轻视了主人，想要向主人挑衅。

但是，有时狗狗会用镇静的表情盯着主人，此时的狗狗是在表达自己的某种诉求。

如果嘴里叼着玩具就是在说"来玩呀"，叼着饭碗就是在说"是不是可以让我吃饭了呀"，叼着狗绳或主人的鞋子就是在说"带我去散步吧"，如果蔫蔫地抬眼看主人的话，就是在说"我不舒服"。

通过"眼神交流"可以用目光传递自己对对方反应的期待，眼神交流也成为了一个心理学专用名词。但是，不光人类会眼神交流，狗狗在表达自己诉求的时候也会和你进行眼神交流。能不能回应它的期待就看你的了。为了能够读懂狗狗的心情，让我们从现在开始努力吧。

除此之外，我们都知道人的眼睛可以表达很多情绪，狗狗也是一样的。读懂狗狗心情的关键在于观察狗狗瞳孔的大小和眼白部分的颜色。

动物处于兴奋状态时，血液中的肾上腺素激增，导致心跳加快，血压增高，瞳孔扩大。

总之，狗狗的瞳孔扩大，眼白与平时相比充血严重的反应说明了它正处于兴奋的状态。被处于这种状态的狗狗注视的话就需要注意了。

叼着玩具

叼着饭碗

叼着狗绳
或者鞋子

抬眼看主人

狗狗如果一直不睁眼，说明它的眼睛可能受伤了。多只饲养的
情况下，很有可能是在打闹的时候受了外伤，有时还会出现眼角膜
破裂甚至眼球掉出来的情况。

毛发竖立是红色预警，一旦受到刺激很有可能发动攻击

趁早远离这种状态的狗狗

狗狗在兴奋的时候，背上和脖子上的毛会竖立起来。它在告诉我们"我已经做好战斗准备了"。通过"炸毛"可以让自己的身体看起来更庞大，达到威吓对方的效果。

但是这只是第一阶段的反应，如果狗狗更兴奋的话，尾巴上的毛也会竖立起来。处于这种状态的狗狗往往一触即发。散步的时候如果发现狗狗正处于这种状态的话，因为不知道什么时候它会窜出去，请马上带着它远离其他狗狗。

特别要注意的是尾巴突然立起来，四肢用力蹬地，毛发竖立的狗狗。这种精力旺盛、自尊心强的狗狗做出这种动作是为了向对方传达"快从我面前消失"的信息。不管是人还是其他狗狗，一直站在处于这种状态的狗狗前面的话，容易受到它的袭击。

而夹尾巴、佝偻腰、竖立着毛的狗狗是弱势的一方。这样的狗狗虽然竖立着毛装腔作势，但内心已经很恐惧了，此时的它只想快点逃跑。不要去追它，故意放它走的话它应该就会自己离开。

狗狗的毛之所以能立起来是汗毛在起作用。有时家里的狗狗会突然开始抖毛，抖出许多污垢，这是通过汗毛竖立把隐藏在毛发深处的污垢甩出来的一种方法。由此可知，有时狗狗突然甩污垢是因为它突然受到了惊吓或者感受到了压力。

有些主人会担心"狗狗是不是得了皮肤病啊"，然后带它们去医院，但问题并不在于狗狗的身体而在于它的心理变化，所以很多时候主人得到的诊断结果是狗狗并没有生病。这种情况下请好好回想狗狗是不是经历了什么恐怖的事，或者被强迫做了自己不想做的事吧。

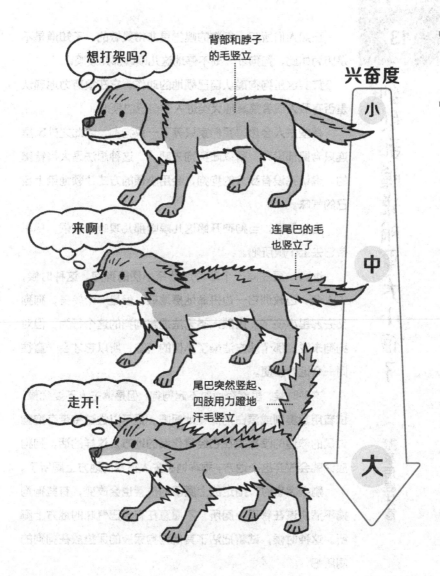

爱犬身上的污垢突然变多的话，也有过敏的可能。犬类多发的是跳蚤引起的过敏性皮炎。跳蚤吸血的时候会向血液中释放化学物质，引起犬类污垢增多，从而浑身瘙痒，甚至皮肤开裂。

到处乱嗅说明要大小便了

搬家后要注意

正如人们所知，狗狗的嗅觉是非常灵敏的。不知道是不是因为如此，狗狗才一刻不停地这儿嗅嗅那儿嗅嗅。

其实这是狗狗确认自己领地的动作。它在很努力地确认是否有敌人或者是其他犬类进入了自己的领地。

有些主人会想"我们家只养了一只狗狗，除此之外家里连只老鼠都没有，所以随狗狗去吧。"，这种想法是大错特错的。确认完没有敌人的狗狗，会用小便的方式让领地染上自己的气味。

也就是说，当狗狗开始这儿嗅嗅那儿嗅嗅的时候，尽早带它去上个厕所吧。

也有一直往同一个非厕所地带小便的狗狗。这种时候，主人会一边教训它一边拼命地擦地板，但是一个转身，狗狗又去那里小便了。虽然人类无法理解狗狗的这个行为，但对狗狗来说，那个地方沾染了小便的气味，所以它才会一直往同一个地方小便。

这种时候，虽然有点对不起狗狗，但是请主人不要犹豫，试着用除臭剂或漂白剂清理地板吧。更可以尝试将带有狗狗讨厌的味道的喷雾喷在它经常作案的地方。这样的话，狗狗应该就会放弃这个地方，乖乖地去主人指定的地方上厕所了。

刚搬完家时，指定的上厕所的位置也会改变，有些狗狗搞不清应该在哪里上厕所，不愿意在有自己气味的地方上厕所。这种时候，试着把沾了其他狗狗尿液的尿垫放在狗狗的厕所吧。

除此之外，不管是幼年的狗狗还是上了年纪的狗狗，它们一般不会出现大小便失禁的情况。如果这一情况出现，请主人不要生气，它们一定是因为某些原因而不愿意使用厕所，试着站在它们的角度去寻找原因吧。

厕所？

吭
吭

厕所？

吭
吭

厕所位置改变之后，把沾了其
他狗狗尿液的褥子放在自家狗
狗厕所的位置吧

吭
吭

厕所？

小知识

爱犬出现尿频的情况，一定是有原因的。年龄小的狗狗，可能
是饮食不当导致的尿频。喂给它们水分过多的食物，上厕所的次数
自然也会变多。年龄大的狗狗可能是由于前列腺肥大或是药物副作
用而产生的尿频。

舔前爪是不安和焦虑的表现

帮它排解这种情绪
让它放松下来吧

狗狗和猫通过舔自己的身体达到清理毛发和皮肤的目的。有时也通过舔自己的身体去除寄生虫或处理伤口。这个动作叫梳毛。

这个动作本身是没有问题的，但如果它们一直重复舔前爪或身体某一部位的话就需要引起注意了。

狗狗像这样一直舔一个部位的话，是因为它感受到了异常的不安与焦虑。产生不安与焦虑的原因不尽相同，比如说，家里来了一只新狗狗，主人们都围着新狗狗转的时候，或是附近工地开始施工了，狗狗从早到晚都要受到噪音的骚扰。

因为狗狗的舌头很粗糙，一直舔一个地方的话马上就会把那一块的毛发舔脱落，引发舔舐性肉芽肿。而且这种行为虽然容易纠正，但是也很容易因为其他的一些小事再次发生。

在狗狗经常舔舐的地方包上绷带，绷带会马上被狗狗撕咬掉，没有用。给它们带上伊丽莎白圈（为了防止狗狗舔自己的身体，一种用软性塑料制成的保护脖套），它们的不安和焦虑感会越来越强，所以我也不推荐这种办法。

这种时候，让我们帮助狗狗排解不安和焦虑，让它们放松下来吧。比如说，当它们开始舔前爪的时候，对它们发出"坐下""趴下"的指令，并监督它们完成指令。然后保持指令动作一段时间，多重复几遍指令，就能让狗狗忘记要去舔前爪的动作。

除了不安与焦虑，狗狗皮肤病和关节炎发作的时候也会不停地舔患处，以防万一还是带它们去看医生吧。

总之，寻找焦虑的原因，对症下药吧。

也理理我呀

舔舔

持续舔身体的一个部位是因为它们异常不安与焦虑

小知识

正常情况下，身体健康的犬类舌头是粉色的，有时也会变成青紫色，这是由于犬类突然变得焦虑引起的现象。比如说，突然打雷了或者散步的时候被大型的犬类追赶了，就会出现舌头变青紫色的情况。

狗狗并不懂人类语言的「意思」

重要的是下指令的方式

　　大部分刚开始养狗的人最先教给狗狗的技能应该是"坐下"吧。主人指着鼻子，拍着屁股，好不容易教会了狗狗坐下的动作，但还是会出现狗狗完全不听指令的情况。这个时候有些主人不由自主地会想"它怎么就记不住呢"，然而多数情况下，问题并不是出在狗狗身上，而是在于主人。

　　语言是人类专用的交流方式。聪明的狗狗能够完成许多指令，但这并不表示它能真正理解我们的语言。

　　举个极端一点的例子，即便主人下"倒立"的命令，也能让狗狗坐下。对我们人类来说，"坐下""坐""坐吧"都是一样的意思，但狗狗并不懂。因此，如果训练狗狗时准备发出的指令是"坐下"，却对着它下了"坐"的指令，它可能并不会对"坐"做出反应。

　　不管用什么样的措辞下指令都是主人的自由，唯有一点请牢记：用同样的语言对狗狗下指令。不然即使是同一个动作，由于主人下指令的时候用了不同的措辞，狗狗也会产生混乱，渐渐地便会不再听从主人的指令。

　　即使是同一措辞的指令，也可能会出现"只听爸爸的话却不听妈妈的话"的情况。这不是音调的高低或是发音的问题导致的，而是因为狗狗认为"爸爸是这个家的老大，妈妈的地位没有我高"。

　　在狗狗的世界，地位低的狗狗一定要顺服地位高的狗狗，这是不变的原则。这种时候，主人要注意给狗狗喂食的方法和面对它的态度，必须让它知道自己的地位是在它之上的，不然它是不会服从你的指令的。

坐！

如果训练狗狗时准备发出的指令是"坐下"，却对着它下了"坐"的指令，它可能并不会对"坐"做出反应

小知识　对于人类的语言，犬类相当于人类的三岁儿童的理解能力。因此，光凭语言能够理解意思的命令大概有二三十个。同时，犬类可以用视觉或嗅觉作为辅助理解大约三百个词语，比如记住食物或人名。

动辄发出低吼声是在表明
"我是最厉害的"

训斥狗狗的话它会
逐渐产生逆反心理

有些狗狗在主人对它下命令，或带它出去散步前给它戴上狗绳时，会发出"呜"的低吼声。因为狗狗没有发出"汪汪"的叫声或表现出想要咬人的迹象，所以很多主人就会忽视它的低吼声，其实这是问题行为的前兆，还是尽早纠正狗狗的行为比较好。

首先，主人必须弄清楚狗狗低声吼叫的原因。狗狗低吼是想要表明"我是最厉害的，不要命令我！""我才不会听你的话呢！"

因为狗狗觉得自己比主人厉害，当主人训斥"不许叫""安静"的时候，狗狗就会想"怎么能被卑贱的你骂呢，这没道理啊"，于是渐渐地产生逆反心理。此时主人抬手的话，很有可能就会被狗狗咬，需要引起注意。

这种时候，主人必须要告诉狗狗"如果你没有我的话，可过不了像现在这样的美好生活哟"，必须让狗狗清楚地意识到主人的地位更高。

如何让这种方法奏效呢，主人可以推迟喂食或是散步的时间。

认为自己比主人更厉害的狗狗什么事情都妄图自己来决定。临近喂食或散步时，它们会开始吼叫，这是在催促主人"快点！"。

如果此时屈服于狗狗的吼叫，狗狗与主人的关系就很难改变了，所以一定要无视它此时的吼叫。把喂食或散步的时间延迟一个小时左右，狗狗就会焦急地想"为什么不按我说的做啊"。

这样的话，可以告诉狗狗"吃饭和散步的时间是由我决定的哦"，能够很好地明确主人的身份。

对于认为自己地位比主人高的狗狗，可以通过把喂食或散步的时间延迟一个小时左右的方法，告诉它主导权是掌握在主人手中的

为了向狗狗宣示自己的地位，主人可以把狗狗夹在两腿之间让它仰面朝上，然后不要说话暂时保持这个状态。通过这个方法，可以告诉狗狗，它可不能想做什么就做什么。

往人身上扑说明心情很好，但不能纵容其养成习惯

无视它的行为，不要颠倒主仆关系

"xx，过来！"，听到主人的呼唤，有些狗狗会很兴奋地飞扑过来。虽然狗狗并没有恶意，但如果是大型犬，很容易一个飞扑就把主人扑倒，这是十分危险的。

狗狗向主人飞扑过来是在表达"好开心啊""好想和你玩耍啊"的心情。因此，如果训斥这种状态下的狗狗，它会产生"不可以开心吗"的想法，然后逐渐封锁内心，变成一只战战兢兢的狗狗。

但即便如此，也绝对不可以用恳求的语气对狗狗说"别，别"，或是抚摸它的脑袋企图让它停止动作。

如果主人这么做了，狗狗会更兴奋，更加不受主人的控制，它会觉得"原来我飞扑过去主人会变得高兴呀"，最后养成扑人的习惯。

狗狗扑人这个行为还有一层含义，它想要处在双方关系的上风。因此，通过飞扑尽量让自己处于高位，有时甚至已经觉得主人比自己的地位低。

总而言之，纠正狗狗扑人这个毛病最有效的办法，就是无视它。不要和狗狗有眼神交流，试着看向上方或一旁。狗狗想着让对方认可自己，把自己当交流的对象才会飞扑过来，如果被无视了，它就会感到困惑，它应该就不会再轻易地飞扑人了。

如果这个方法还不起作用的话，试着背朝它，或是爽快地离开那个地方吧。等狗狗平静下来之后再上去和它搭话，摸摸它的脑袋，告诉它飞扑是无聊的、没有意义的动作。

 犬类后脚的构造和人类大不相同。人类的腿与身体紧紧连接，膝盖在身体的正下方。狗狗腿上弯曲的部分相当于人类的后脚跟。也就是说，如果用人类来打比方，犬类站立时相当于人类在用脚尖站立。

动作

18

睡觉时把下巴贴在地面是为了保护自己

通过骨传导的方式来接收任何轻微的声音

请仔细观察狗狗睡觉时的姿势。很多时候它们是把下巴贴在地面睡觉的。这是狗狗为了知晓敌人或猎物接近的最有效的姿势。

人或动物走路的时候会产生轻微的振动，振动会通过地板传播出去。狗狗通过把下巴放在地板上来接收这种振动。也许你会怀疑下巴是否能如此敏感地感知振动，但其实下巴连接着很硬的骨头，只要感受到了轻微的振动，下巴就会把振动的信息清楚地传达给大脑。像这样以骨头为媒介把轻微的振动信息直接传达给大脑的方式就叫做骨传导。

即使脚步很轻，狗狗也会马上察觉到有人，这就是因为颅骨传声。利用骨传导的工作原理，狗狗不仅可以防止耳朵过度疲劳，还可以把听觉集中在其他的声音上。所以有时狗狗看起来像是在放松睡觉的样子，但它其实在通过骨传导时时警戒着周围发生的一切。

有时，家人回来的时候，在按门铃之前就被狗狗发现了，这也可以用骨传导的原理来解释。即使我们感觉不到，但狗狗可以感觉到人接近时产生的微弱振动。并且，因为每个人走路的方式都不一样，所以狗狗可以分辨出产生振动的到底是谁。

除此之外，有些狗狗可以敏锐地察觉到地震的发生，这也是骨传导的作用。

地震发生的时候，首先发生的是被称为 P 波的纵波引起的摇晃。P 波引起的是我们感觉不到的小幅度的摇晃，随之而来的 S 波会引起大范围的破坏。由于 P 波传播的速度是 S 波的两倍，所以狗狗可以通过骨传导感受到这微弱的摇晃，然后预知到即将到来的剧烈摇晃。

狗狗可以通过下巴感受到微弱的振动，因为每个人走路的方式都不一样，所以狗狗可以分辨出产生振动的到底是谁

啊，妈妈回来啦

有些犬类在 P 波发生之前就可以预测到地震的来临。比如说，阪神大地震的时候，有些犬类有"拒绝进入家门""反常地狂叫"等异常表现，有很多类似这样的情况。也许犬类具有科学无法解释的能力。

将屁股贴在主人身上是信任和安心的表现

这是在不信赖的人面前不会展示的姿势

如果在天冷的时候去动物园，就会看到一群日本猕猴把身体凑在一起取暖的景象。人们亲切地称呼这种猕猴一团团聚在一起的景象为"猕猴团子"，仔细看的话，会发现大多数猴子是身子朝向外聚在一起的。也就是说，它们是屁股靠着屁股、背靠着背凑在一起的。

事实上，狗狗也保持着和野生时代一样的习性，喜欢集体把屁股凑在一起睡觉或休息。

野生动物把屁股和背凑在一起表示它们对周围事物处于警戒状态。在动物中，虽然有比人类视野广阔许多的物种，但是要察觉背后发生的事情也是很困难的。特别是狗狗，后脚受伤行走不便的话，它会想方设法避免下半身再受到攻击。因此它会找到伙伴，把自己的要害——屁股或者后脚贴在它们身边，避免把自己的要害暴露出来。

把屁股凑到一起之后，万一遇到不测，可以快速地向敌人发起进攻，或者飞奔逃跑，所以这是一个攻防一体，甚至可以逃避灾祸的理想阵型。

但是，在狗狗坐下或者在自己家的时候，如果把屁股贴在主人身上，意味着它处于放松的状态。也就是说，狗狗通过把要害部位贴在主人身上表达了它想要从主人身上获得安全感。

总之，这是一个如果狗狗对主人没有信赖感就不会展示给主人看的姿势。即使是完全不听从主人指示、很难驯服的狗狗，如果它给主人展示了这个姿势，也表示它对主人已经敞开了心扉。

安心啦

狗狗把屁股贴近主人是它处于放松状态的证据

小知识   在带狗狗散步或者把狗狗带去狗狗乐园时，如果爱犬被其他狗狗追着跑，眼看着要被攻击的时候，请主人快速把它抱起，好好地保护它。这样做，有利于加强爱犬对主人的信赖感。

转移视线时有两种情况：要么是非常高兴，要么是遇到了麻烦

如果摇尾巴了请不要骂它

有时刚刚还盯着主人看的狗狗，下一秒就不知道为了什么转移开自己的视线。人类做这样的动作的原因，一般是"在撒谎"或是"说到什么让他不开心的话题了"，但是狗狗做这个动作的原因有一些不一样。

首先我们可以知道，狗狗这么做是认定了主人的地位比自己高。群居动物一般不会和地位比自己高的对手对视，这是为了避免产生纷争，所以狗狗会突然从主人身上转移视线。

除此之外，在狗狗非常高兴的时候也会做出转移视线的动作。这个动作经常在驯化做得好的狗狗身上看见。比如说狗狗发现主人手里拿着自己最喜欢的零食的时候，或者察觉到主人要和自己玩最喜欢的丢捡球游戏的时候，它们都会一边摇尾巴，一边把视线转移开。

有些狗狗开心的时候会摇着尾巴飞扑上来舔主人的脸，这是没有做好驯化的表现。驯化做得好的狗狗，会故意转移开自己的视线，努力克制自己，避免过度兴奋。

狗狗的视线从自己身上转移开的时候，有些主人会觉得扫兴，但如果与此同时狗狗摇着尾巴的话说明它在努力克制自己的情绪，这个时候千万不要训斥它。

狗狗转移视线还有一个原因，就是它感到困惑了或是被命令去做自己不想做的事。这种情况在人类身上也时常发生，就是装作自己没有听到的样子。如果狗狗也会说话，它们可能会装作"嗯？你刚刚说了什么么？"的样子。此时的狗狗与抑制兴奋的时候不同，它并没有摇尾巴，所以判断它的心情也是比较容易的。

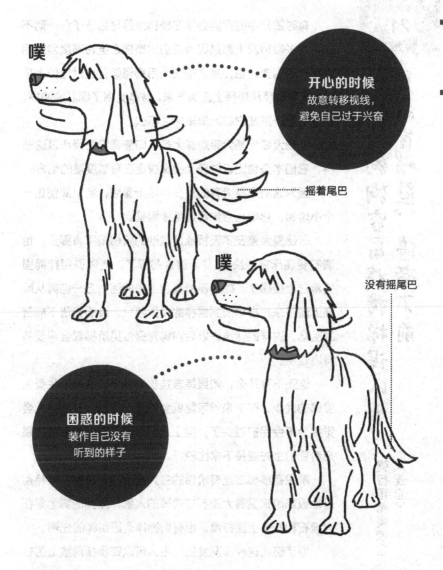

噗

开心的时候
故意转移视线，
避免自己过于兴奋

摇着尾巴

噗

没有摇尾巴

困惑的时候
装作自己没有
听到的样子

小知识

一般情况下，犬类和猫类不擅长应付小孩。这是因为孩子的声音比较尖锐，动作幅度比较大。高亢的声音会让它们紧张，幅度大的动作会让它们不知道接下来会被如何对待，从而产生恐惧心理。

腿短的狗狗容易将楼梯误以为是悬崖峭壁，停滞不前

强行用狗绳拽它太残忍了

有时散步中的狗狗会停在楼梯或是马路牙子前一动不动。大多数情况下都是因为它们对楼梯之类有高度差的地方有心理阴影。也许是之前主人用狗绳强行拽过它们上楼梯，或是曾经从楼梯上面滚下来，身体受到了剧烈的冲撞，这些情景一直在它们脑海里挥之不去。

腊肠犬或柯基犬等短腿犬类，即使是没有经历过这些事，它们本身也比较讨厌上楼梯或走在有高度差的地方。

因为这些短腿犬有的腿长不足十厘米，所以即使是一个小阶梯，它们也会觉得是悬崖峭壁。

即使爱犬停在了天桥或是其他的阶梯前不肯挪步，也请不要训斥它"快走！"，这太残忍了，更别说用狗绳强拽着它上楼梯了。如果硬拽着它上去的话，万一狗狗从阶梯上滚下来，身体撞到楼梯的尖锐部分，会给它留下痛苦的回忆，这样的话也许以后狗狗光是看见阶梯都会想要转身逃走了。

这还不算什么，如果是吉娃娃或者博美这种天生骨头脆弱的犬类，摔下来很可能就会骨折。所以，虽然有人会觉得会不会保护过头了，但主人们在狗狗遇到阶梯时还是抱着它们上去或是下来比较好。

家里有楼梯或是有阶梯的主人们也需要注意了。特别是地板或阶梯贴着大理石或瓷砖的人家，狗狗的脚容易在大理石和瓷砖上面打滑，也有狗狗摔倒扭伤脚的先例。

为了防止这种情况发生，主人可以在楼梯前放上围栏或是做好防滑对策。由于人类婴儿用的围栏多数下方可以打开，狗狗有可能会从那里钻出去，所以最好将围栏做一下升级。

过来

抱我上去吧

最近犬类的寿命普遍变长了，10 岁以上的犬类也不少见。带着上了年纪的爱犬散步时，需要注意高度差大的地方。因为犬类在 7 岁以后容易骨质疏松，骨折的概率也随之激增了。

狗狗似乎在认真地看电视，其实家根本看不懂

也有些狗狗对电视毫无兴趣

看电视时，无意间换台时会发现狗狗对特定的节目似乎很感兴趣。主人们都喜欢把爱犬当成人来看待，所以经常会猜想"我家狗狗一定看得懂""它肯定喜欢这个明星"。遗憾的是，事实并非如此。

狗狗目不转睛地盯着电视纯粹是因为电视画面在动而已。犬类的祖先曾生活在野外，以捕捉猎物为生。因此，比起静止不动的画面，狗狗们更擅长捕捉动态场景。

但由于室内的动态场景不多，所以经常会看到狗狗在家里发呆。一旦电视上出现剧烈的动态画面，狗狗就会受到刺激而变得兴奋起来。

动态画面能让狗狗心满意足，如果节目中有同类登场的话会更受狗狗青睐。所以，主人们如果发现狗狗的精神状态不好的话，可以放一些有同类登场的节目给狗狗看。

但凡事都有例外，也有一些狗狗对影视画面和音乐毫无兴趣，强行把狗狗拉到电视前逼迫它们看电视只会适得其反，这种时候随它高兴就好了。

不过如果狗狗太兴奋了就必须多加注意，因为狗狗一看到电视里的同类吼叫就会忘我地扑上去，想要和电视里的同类分个高下。虽然现在的电视越来越轻了，但30英寸（1英寸≈2.54厘米）以上的电视还是挺重的，如果不慎倒下来难免会伤害主人和狗狗。

为了避免这类事故的发生，必须教育狗狗在看电视时保持坐下的状态，稍有起身的倾向时就呵斥它。

第2章
狗狗的习惯
和心理

狗吠只是一种「寂寞」的表现，并不可怕，这是真的吗

狗吠表达寂寞的心情

大家看电影时听到狗吠声可能不免心中一惊，担心可能随时会被突然窜出来的野狗袭击。其实，狗吠是在表达"寂寞"的心理。如果狗狗一边叫着一边奔向主人，大多数情况下并非是要攻击，而是喜不自胜，仿佛在说"终于看到主人了！好开心啊！"。

大家在城市中生活也一定会偶尔听到远处传来狗的叫声。那一定是因为主人比平时晚回家，狗狗正在迎接他呢。此时狗狗一定在说"主人呀，等你好久了！"。

其实，据说狼嚎也是狼表达寂寞的方式。因为狼是群居动物，一旦不小心与狼群走失，就会开始嚎叫，仿佛在说"好寂寞呀！""我在这里，大家快过来呀！"。

除此以外，狗狗寂寞、难过时还会发出高亢的吠叫声。

一般来说，狗狗的吠声越高亢说明狗狗内心的恐惧和不安就越强烈。最典型的例子就是狗狗打架输了以后落荒而逃时发出的声音异常高亢。

相反，狗狗生气时，声音则非常低。当低吼声接近"咕""唔"的时候就得加倍小心，因为它很可能就要攻击你了！

汪！

主人啊，快回来吧

长吠是狗狗
寂寞的表现

狗狗在院子里到处挖洞是野生时期留下的本能

也有可能是为了打发无聊的时间

日本有一个叫《开花的爷爷》的故事，里面有这样一个情节，因为老爷爷的爱犬一边叫着"汪汪，挖这里"，一边刨着脚下的田地，老爷爷虽然不明所以也一起去挖了，此时大大小小的金币就哗啦啦地从那块田地冒了出来。

把狗狗养在院子里的主人们应该对这个场景很熟悉吧。只是狗狗并没有刨出来大大小小的金币，反而破坏了花坛或是草坪。其实狗狗在院子里到处挖洞的行为也是有不同的原因的。

首先，这是狗狗野生时期留下的本能。在狗狗野生时期的时候，虽然今天捕获到了猎物但明天是否还能捕获到猎物也未可知。因此狗狗会把吃剩的猎物刨个洞埋起来，抓不到猎物的时候就把之前的食物刨出来吃掉。这种习惯逐渐变成了本能，印刻在了狗狗的大脑里。

即使是家养的狗狗，喂给它许多狗粮时它也会把吃剩的食物刨个洞埋起来，这种行为可以解释上述这一点。

第二个原因，就是狗狗是为了打发无聊的时光才挖洞的。我们人类无聊的时候可以看电视、看杂志、上网，而狗狗只能通过挖洞来排遣无聊。当主人觉得"最近狗狗怎么经常到处挖洞"的时候，可以试着延长散步的时间，或是给狗狗新的玩具，消遣它的无聊时光，这样的话狗狗就不会那么频繁地在院子里挖洞了。

第三个原因，狗狗喜欢树根的芳香和土地的触感。对我们人类来说没有气味的树根，对于嗅觉敏锐的狗狗来说却像有着香水的味道。在想要多闻一闻好闻的味道这一点上，人类和犬类是共通的。

除此之外，有一些犬种是人类为了找到狐狸巢穴并追捕它们而被培育出来的，这些犬类一触碰到土地的话就会猛然想起自己血液中被赋予的使命和自己的拿手好戏，就会突然开始挖洞。不管是出于什么原因，要让狗狗不挖洞还是挺困难的。

狗狗挖洞的理由

1 本能 **2** 打发无聊时光 **3** 感受树根的芳香和土地的触感

最喜欢挖洞啦

梗犬（terrier）尤其喜欢挖洞。梗犬的英文名字源于拉丁语中的 terra，这个词是地球或大地的意思，因此梗犬喜欢土地自是不必多说的了。如果家里有花园的话还是不要把梗犬养在那里为好。

狗狗吃便便？淡定

可通过勤扫厕所来解决这个问题

散步的时候，狗狗会对其他犬类或猫类留下的便便表现出强烈的兴趣。不管平时多么听话的狗狗，此时不管主人怎么扯绳子它都不挪动半步。

光是这样就算了，有些狗狗下一秒会一口把便便吃掉！有些狗狗不是吃其他猫狗的粪便，而是会吃自己的便便，这令主人无比震惊。

有些主人会担心，"我们家的狗狗是不是生病了"。确实，有些狗狗患有食粪症，但是狗狗吃便便并不是一件不寻常的事。

"便便很脏"只是我们人类的想法，而狗狗并不这样想。原本狗狗的食性就很杂。食性杂是从狗狗一边忍耐饥饿，一边努力生存的野生时代开始一路遗留下来的习性，气味强烈的便便在眼前出现的时候，饿得不行的狗狗的本能就苏醒了，它们会不知不觉就冲上前一口吃掉便便。

事实上，猫粪里含有许多营养物质，对狗狗来说是不可多得的大餐，它们是不会视而不见的。

话虽如此，如果主人忽略了狗狗的食粪行为，它们很有可能会因此感染上寄生虫或其他病菌，所以必须要重视。必须从幼犬阶段开始就给狗狗灌输"不把便便放在眼里"这一概念。对什么都很感兴趣的幼犬容易在玩自己的便便时，被味道吸引然后吃掉粪便，最后染上病菌。

为了不让狗狗喜欢粪便，从它还是幼犬的时候，主人就要做到勤打扫厕所。除此之外，当狗狗没有按照主人指示在规定地方上厕所时，如果主人言辞激烈地训斥了它，为了销毁证据，狗狗可能会养成吃自己便便的坏习惯。所以尽量避免发生这种情况。

食粪行为可能会让狗狗感染上寄生虫或是其他病菌，需要主人引起注意

便便才不是脏东西

小知识

关于犬类食粪的行为，还有其他多种说法。比如说，吃掉地位高的犬类的粪便表示自己对它的服从，或是吃掉粪便是为了补充维生素 B 或维生素 K。

狗狗不会「乱叫」，除非有需要

你要知道它这是为了保护家和主人

有时家门前只是有人经过而已，狗狗却会发出尖锐的吼叫声。也就是很多人所谓的"乱叫"。

清晨或深夜听到狗狗这样的叫声很容易让人感到烦躁，也很容易引起邻居的抱怨，因此很多主人为此感到困扰。

但是给狗狗贴上"乱叫"标签的是人类，狗狗是不会做出没有意义的动作的，它们是在该叫的时候才叫的。

狗狗发出叫声有多种理由，"乱叫"是因为它的防卫本能和警戒心促使它发出叫声。

与此同时，会觉得"路人只是从家门前经过而已，一点也不危险吧"的也只有人类。如果狗狗会说话的话，它应该会这么回答："家门前的道路也处在我的势力范围之内，我的势力范围之内有不认识的人入侵了，我当然要发出叫声表示警惕啊"。

人类驯化犬类作为家畜的一个理由就是可以让它们守护家园。养在院子里的狗狗有着守护家园和主人的本能，不管是谁靠近了它的地盘它都会敏感地察觉出来，并开始发出汪汪的"乱叫"声。

狗狗认为这是它的职责所在，所以理所当然地认为"乱叫"之后主人会夸奖它。然而事实上因为"乱叫"之后总是被主人骂，它们就形成了应激心理，遇到这种情况会叫得更起劲。

想要不让狗狗"乱叫"，就要让它做到不管什么人接近它都不会发出叫声。踏实地做好这种训练是非常重要的。

如果狗狗还是叫了，在这种情况下，为了能让它受到控制立刻安静下来，主人要记得好好利用自己的权威地位。

为了不让爱犬乱叫，不能放任它想干什么就干什么也是很重要的。爱犬变得任性是因为它不能很好地认识到自己的地位。它觉得自己很厉害，所以就汪汪地叫，对主人和家人们提要求。

尿床是「顺服」的表现

是为了获得主人的爱

主人们养狗的时候，除了叫声，还有一件很在意的事，那就是气味。最近有利用高科技的宠物厕所上市了，比起以前，气味的问题是没有那么严重了，但无论如何预防不了的，是狗狗的尿床问题。

说起尿床，人们总会想起幼犬或者是老年犬，但其实就算是体力和智力完全没有问题的成年狗狗也会尿床。

在以下两种情况下，狗狗可能会尿床。第一，想到了什么让它觉得恐怖的事。比如说，被主人狠狠地批评了，或是在散步的时候，遇到了身体比自己大很多的狗狗，并且被它威吓了，这种时候它就会尿床。这是为了表达自己"我承认你的地位更高，我是不会伤害你的"的心情。

在主人以外的人或是其他狗狗的面前尿床对狗狗来说也是一件丢脸的事。强迫自己这么做是为了告诉对方"我就是这么一个可鄙的家伙。我并没有想找你打架的意思。"

另一种情况下尿床，是因为狗狗很开心。很多人会觉得害怕的时候尿床这个理由还可以理解，为什么开心的时候还会尿床呢？其实这个理由和狗狗害怕时尿床是一样的。

有句话叫"傻乎乎的孩子才可爱"，狗狗就想着通过尿床来把自己伪装成"傻乎乎""干什么都不行"的样子，以此妄图获得主人更多的爱。

因为狗狗的出发点并没有恶意，所以请不要对它发脾气。擦去尿渍的时候，请不要抱怨它，默默地收拾干净就好了。

如果察觉到狗狗好像要尿床了，请安静地带它去厕所吧。

 在带爱犬散步时有一样必须要带的东西，其中一个就是塑料袋。爱犬便便之后，有的主人会拿小铲子把便便埋起来，但这是不合礼仪的。一定要把狗狗的便便装到塑料袋里带回家。

绝不允许狗狗对主人发情

不要骂它，无视就好了

有时狗狗会紧紧抱住一个东西摆动自己的腰，我们称之为爬跨行为。这是狗狗发情的表现，这种表现不分公母。虽然这种动作不太雅观，但如果狗狗是对着其他同类或玩偶做，就不能称之为问题行为。

有时狗狗还会通过爬跨行为来明确自己的地位。当下面的狗狗不再反抗时，代表它认可了对方的地位。明确自己的地位之后，可以避免狗狗之间不必要的纷争。

对玩偶发情也是为了表达"我的地位比你高"。虽然这样不雅观，但主人没有必要训斥狗狗，默认这种现象也是可以的。

如果狗狗抱着主人的手臂或腿做出爬跨的动作，这是绝对不可以放任不管的。因为这是狗狗通过这样的动作在向主人宣示"我的地位比你高"。如果放任不管，也许会产生乱叫、咬主人、不服从主人命令等一系列问题行为，需要主人们引起注意。

发现狗狗有发情迹象的时候，请主人不要说话，无视它，默默从它身边离开。如果主人训斥它"呀""不行"这类的话，就会让狗狗更加兴奋，不出声是最好的办法。无视的话大约 10 分钟就可以了。之后就像往常一样和狗狗接触，狗狗就会明白"还是主人的地位更高"。

针对不怎么听主人的话的狗狗，我们可以主动出击。在狗狗蹲着的时候可以按按它的腰，和它玩的时候可以压制它，以此来传达给它"主人才是地位较高的一方"的信号。

小知识　散步的时候如果爱犬咬伤了人，先用肥皂水清洗伤口，再迅速去往医院。然后请在 24 小时之内确认咬人的犬是否患有狂犬病，以此来确定下一步的治疗方案。

散步时对其他同类咆哮是
缺乏社会性的表现

也有可能是心理
阴影引起的

因为每家散步的时间都差不多，散步的时候就会经常遇见其他的狗狗和它们的主人。由于彼此都是爱犬人士，即使是初次相遇主人们也经常会聊得不亦乐乎，所以很多主人都乐在其中。

但是，也有一些主人希望在散步的时候最好不要遇到任何人。究其原因，很多主人会说"如果散步时遇上了其他狗狗，我们家的狗狗会开始叫"。

狗狗冲同类吼叫有许多理由，其中最常见的是因为紧张。

狗狗原本是群居动物。但是，有许多狗狗生下来就被带离父母和兄弟姐妹身边，独自长大。这样的狗狗缺乏社会性学习的机会，遇见同类的时候不知道该如何应对，紧张过后不自觉地就开始吼叫了起来。

还有一个原因就是它可能有心理阴影。

幼犬时代，如果狗狗有受到其他同类攻击的情况，给它留下了不好的印象，那么这个心理阴影会造成它对同类怀有极端的恐惧心，从而养成遇见同类就会异常吼叫的习惯。此时如果主人训斥狗狗让它"闭嘴"，狗狗的恐惧与不安感会加剧，然后叫得更加起劲。

如果狗狗有这样的心理阴影，当注意到其他狗狗靠近时，主人可以命令自家的狗狗坐下。当对方走过时，狗狗如果能做到不吼叫，请好好表扬一下它。这样的话，狗狗就会知道"原来这个时候乖乖坐下的话主人就会表扬我啊"。

狗狗的本能

听到门铃声会吼叫是狗狗为什么要吼叫

狗狗自己也不知道

有些狗狗一听到门铃声就会开始吼叫。一开始主人会觉得没什么关系，时间久了也会觉得很吵吧。很多主人都想要纠正狗狗的这种行为，但苦于不知道该如何纠正，就这样拖延着的情况也很常见。

吼叫的时候，狗狗的兴奋值也上升了，如果在此时骂它，它会越叫越大声，甚至会出现向客人飞扑过去的情况。对于不喜欢狗狗的人，这是一件很恐怖的事。

俄罗斯的生理学家巴甫洛夫通过不断重复在给狗狗食物的同时制造铃声这一实验，发现这之后只是发出铃声，狗狗就已经开始分泌唾液了，由此证明了"条件反射"。狗狗听到门铃声时吼叫也是条件反射的一种表现。一开始出于怀疑"谁来了"的警戒心而吼叫的狗狗，在这一场景重复多次之后，自己也不知道自己为什么吼叫了。

为了抑制狗狗的吼叫，我们需要两个人来协助训练。首先请一个人按门铃。此时就算狗狗吼叫了，也不要搭理它。被无视对狗狗来说，是比被训斥更痛苦的惩罚。一段时间之后，如果狗狗听到门铃声不叫了，就请主人摸摸它的头给它奖励吧。

如果狗狗听到门铃声之后边叫边向玄关跑去的话，请不要开门，无视它的行为。

在不断地重复这一训练的过程中，狗狗就会明白，"就算门铃响了，我也不能吼叫，这样的话主人才会给我奖励呀"。也就是说，通过这一训练可以让狗狗形成反向条件反射。

叮咚

咦?
为什么我叫了

汪 汪

汪

汪

狗狗听到门铃
声吼叫是条件
反射的一种

小知识　　条件反射是指，同时给予物体一个不能引起反应的刺激和另一个能引起反应的刺激，重复多次以后，即便只给予一个原本不能引起反应的刺激，物体也会发生反应。在给犬类喂食的时候给它听特定的音乐，时间久了以后，只听到这个特定的音乐它也会流口水。

厕所和小窝离得太近

找不到厕所可能是因为

狗狗本能地讨厌这种味道

教会狗狗上厕所对狗主人来说是最重要的一件事。

在散步的时候解决排便问题的狗狗比较多，当然一些只待在室内的狗狗除外，但是还有一些狗狗不仅不在外面上厕所，还非得在主人指定以外的地方上厕所。

如果狗狗不管怎么样都不肯在指定的地方上厕所的话，它可能是讨厌主人指定的那个厕所。比如说主人把厕所的位置设置在了狗狗小窝附近。

野生时期的狗狗住在洞穴里。如果直接在洞穴里排便的话，整个洞穴都会充满臭味，卫生状态也会变差，因此狗狗养成了离开洞穴去稍微远一点的地方排便的习惯。也就是说，狗狗本能地排斥厕所离自己的小窝很近这件事。

即使把厕所移到远处还是失败了的话，就需要引起注意，对狗狗加强训练了。

等到发现狗狗遗留在地板上的屎尿才去教育它就太晚了。在它准备排便的时候就应该采取行动。最不济也要在它排泄完的瞬间就要对它进行教育。

可以用尺子敲敲地板，发出足以让狗狗受到"惊吓"的声音。"吓"到狗狗之后，就带它到指定的位置上厕所，这样的话狗狗应该就能养成上厕所的好习惯了。

不管怎么说，训练不够是造成狗狗不能成功上厕所的原因，因此请主人把它从狗笼里放出来，让它定期去狗笼外上厕所，重复多次之后，狗狗就会形成去上厕所的好习惯了。

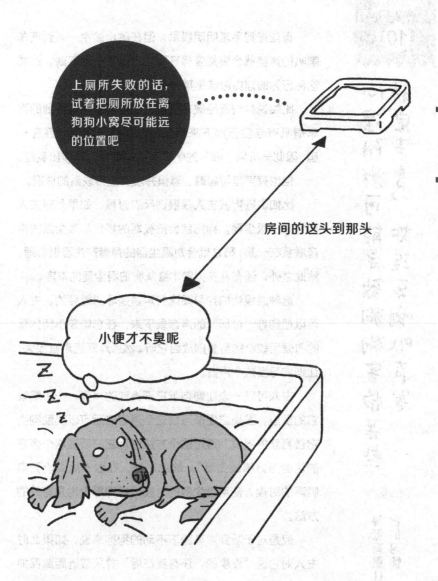

上厕所失败的话，试着把厕所放在离狗狗小窝尽可能远的位置吧

房间的这头到那头

小便才不臭呢

小知识

很多主人在狗狗两个月大的时候就开始教它们上厕所，但此时的狗狗相当于三岁的人类孩童，这么小的狗狗即使学不会上厕所也是可以理解的，请主人不要焦急，耐心地教导它们吧。如果主人开始烦躁了，狗狗反而会更加记不住指示。

心理阴影可能导致狗狗害怕某些特定声音，如汽车喇叭声等

降低音量让它们习惯

有些狗狗平常明明很乖，但在散步途中一听到汽车喇叭的声音就会突然变得狂躁或是蹲下一动不动。造成这种行为的理由应该是某种条件反射。

比如说狗狗曾经被车撞过，就会把被撞前听到的汽车喇叭声与自己接下来感受到的疼痛与恐惧联系在一起，因此一听到"嘟"的喇叭声身体就会自动作出反应。

但也有声音与痛感、恐惧并没有直接联系的情况。

比如说狗狗被主人狠狠训斥的时候，如果此时主人刚好开了吸尘器，狗狗就会把被骂的场景与吸尘器的声音联系在一起，随之就会对吸尘器的声音产生恐惧心理。除此之外，还有许多狗狗本身就害怕吸尘器的声音。

这种时候让狗狗习惯这些声音是非常重要的。主人可以把狗狗"讨厌"的声音录下来，在它躺在小窝休息的时候用较小的音量播放给它听。然后渐渐把声音放大，让狗狗习惯这个声音。

主人可以一边让狗狗听它不喜欢的声音，一边观察它的反应，发现它逐渐习惯这个声音之后可以奖励狗狗它最喜欢的零食，通过这个方法告诉它"听到这个声音的话会有好事发生哦"。除此之外，在散步途中听到喇叭声的时候、使用吸尘器的时候给狗狗零食也是有效的方法。

但是对于听到声音蹲下不动的狗狗来说，如果此时主人对它说"没事的，还有我在呢"并采取近距离保护它的姿势的话，有时会产生反作用。

听到有人对它说话，狗狗的恐怖感会倍增，事情就会向不好的方向发展，造成它始终无法适应这个声音的后果。

有些犬类听到消防车或急救车"呜——呜——"的警报声时会跟着这个声音开始嚎叫。这是由于警报声与嚎叫声的周波数相近的缘故。除此之外，有很多犬类不知如何应对烟花、雷鸣这类突然的巨响。

狗狗能找回家归功于生物磁场和敏锐的嗅觉

它们能像罗盘一样分辨方向

有一部叫做《一猫二狗三分亲》的迪士尼电影，讲述了被主人寄养在朋友家的两只狗和一只猫合力跨越三百千米，最终平安回家的冒险故事。

虽然距离不同，但之前也有过类似的令人感动的新闻报道。为什么狗狗能从那么远的地方找回自己的家呢？

这都要归功于狗狗的生物磁场与敏锐的嗅觉。生物磁场是感知地球磁场的生理构造。

事实上哪个器官起着生物磁场的作用到现在为止还是未知的，但是因为生物磁场，狗狗能像罗盘一样准确地判断方向。我们都知道蜜蜂、鲑鱼、候鸟具备这样的能力，而狗狗貌似也具有这种生物磁场。

人们判断，狗狗应该是在日常生活中就从家里观察太阳与月亮的方位，然后边回想这些场景边利用生物磁场来找寻自己家的方向。

到了离家近的地方之后狗狗就会开始利用嗅觉。狗狗的嗅觉比人类灵敏一亿倍以上，因此它们能够敏感地捕捉到以前留下的微弱的"标记"的味道或是夹杂在风里飘过来的家的味道，这些都可以引导它们找回家。

然而近来找不到家的狗狗好像越来越多了。

这应该是因为狗狗日常在室内的生活过于悠闲，导致生物磁场的机能和灵敏的嗅觉衰退了。为了迷路狗狗的安全考虑，还是给它们植入具有个体识别功能的芯片吧。

即使迷路也能找回家的两个原因

生物磁场
感知地球磁场的生理构造

灵敏的嗅觉
狗狗的嗅觉比人类灵敏一亿倍以上，
它们可以捕捉到微弱的气味

马上就到家了呢

狗妈妈将狗宝宝叼在嘴里是一种教育行为，并非虐待

狗宝宝的教育就交给狗妈妈吧

出于对饲养环境的考虑，很多狗狗会被主人带去绝育，但也有很多主人选择亲眼见证狗宝宝的出生。

然而，主人们看着狗狗教育孩子，疑问也会越来越多。比如说，经常看到狗妈妈叼着狗宝宝，嘴里还发出低吼声。主人听见狗宝宝痛苦的吭叽声会不由得担心它，但狗妈妈生起气来也是不好惹的。此时接近它们的话很容易被攻击，所以默默在一旁关注着它们就好了。

其实没有必要过分担心。狗妈妈并没有在虐待狗宝宝，它只是在教育自己的孩子而已。当狗妈妈叼着狗宝宝的嘴巴并发出低吼声时，是在告诉狗宝宝"不可以这么做！知道了吗！"。

如果此时主人训斥狗妈妈让它不要这么做，履行自己母亲职责的狗妈妈就会感受到强烈的压力，狗宝宝也就不能学习如何去分辨好坏，不能学会狗狗世界的规则。

站在人类的角度看这确实很像体罚，但对不能使用手或者语言的狗狗来说，它们只能用嘴巴来教育自己的孩子。

有些狗狗散步时，遇到从自己身边经过的同类会不由自主地想要冲过去，这是因为在它小的时候，没有好好从妈妈那里学习到狗狗世界的规则，不知道如何去跟同类打招呼。为了防止这种问题行为的产生，需要让狗妈妈好好教育自己的孩子。

除此之外，在外人看来狗妈妈好像狠狠地咬了自己的孩子，其实狗妈妈控制好了自己下嘴的力度，造成狗宝宝受伤这种情况也是不多见的。

当然，狗妈妈不在的情况下，请主人好好对狗宝宝进行教育。

小知识 孩子出生 30 天后，狗妈妈就开始讨厌给孩子喂奶。这是因为幼犬的乳牙此时已经长了出来，对狗妈妈的乳房产生了刺激，狗妈妈在喂奶的时候会感到疼痛。主人发现这种情况的时候就可以为幼犬准备离乳制品了。

嗅其他犬类的尿味是为了确认对方的强弱

种类、性别与年龄也是在判断对方的

和狗狗一起散步的时候，它们经常会闻闻这边的电线杆，闻闻那边的草丛，很难继续前进。此时狗狗通过嗅其他犬类的尿味（做标记时留下的）来判断自己的领地是否被其他的犬类侵犯了。但是，通过嗅尿味，它们能获取什么信息呢？

狗狗为了炫耀这一片是自己的领地时，会在那里撒尿，这叫作标记，而尿液中含有大量的荷尔蒙与费洛蒙。对于人类来说这只是臭臭的尿液，但对狗狗来说这就像名片一样。对方所属的犬种、性别自是不必说的，连体型、性成熟度、年龄和是否强壮这些信息都可以通过嗅尿液来获得。

通常，狗狗会通过在其他狗狗留下的标记上方撒尿来彰显自己的地位，告诉对方这是自己的地盘，但是也有即便是在自己家附近，看到标记也只是闻一闻就迅速走开的狗狗。

这是因为狗狗知道对方压倒性地强过自己，打起来的话自己肯定会一败涂地，为了避免无谓的斗争才这么做的。

做标记对狗狗来说就像是对同类打招呼的行为，狗主人们也觉得这是很正常或者是没有办法改变的行为。但是对不喜欢狗狗的人来说，这只是一种不干净的行为，会让环境变差。也有些人在家门口的柱子或是车子上被狗狗做了标记之后会很生气。

完全不让狗狗做标记是一件很困难的事，但是教会狗狗可以在哪里做标记，不可以在哪里做标记是完全可行的。如果狗狗想要在会造成他人困扰的地方做标记时，主人可以用力拽一下绳子，告诉狗狗"不可以在这里做标记"。但是，如果狗狗想要在并不会给他人造成困扰的地点做标记的话，那就等等它让它做完标记吧。

说到费洛蒙，动物在交配之前释放的吸引异性的性费洛蒙是为人所熟知的，除此之外，还有遇到危险时为了通知伙伴而释放的警报费洛蒙、为了召集伙伴而释放的集合费洛蒙、回家时作为向导的路标费洛蒙。

浴后在地上打滚是为了找回自己的气味

好好用清水洗，给它留下自己的气味吧

大多数狗狗天生就会游泳。因此它们不像猫那样讨厌水。美国可卡犬、水猎犬等狗狗尤其喜欢游泳，即便大型犬，洗澡也比较轻松。与此相对，柴犬等日本犬并不喜欢洗澡，这也给主人们带来了烦恼。

还有些狗狗一洗完澡就在地板上、毛毯上，有时甚至在院子里打滚，不一会就把自己刚洗完澡的身体弄得脏兮兮的。

主人会崩溃地想"好不容易才给你洗干净了……"，但对狗狗来说，其实洗澡并不是一件那么愉快的事。这是因为洗完澡之后的狗狗全身都会散发沐浴露或者香皂的味道。狗狗的嗅觉是非常灵敏的，即使对人类来说是微乎其微的一点气味，对狗狗来说也是令它难以忍受的臭味。

除此之外，对狗狗来说，自己身上的气味就是它的身份证。如果身上没有自己的味道了，那狗狗就无法告诉其他的伙伴自己是谁，就会产生严重的后果。因此，狗狗在沾染自己气味的地板、毛毯或是院子里打滚是为了重新沾染上对它来说十分重要，可以让它变得愉快的自己的气味。

因为狗狗打滚的目的是为了重新染上自己的气味，所以主人给它清洗得越是干净它就越是激烈地打滚。有些主人看不下去会再次带狗狗去洗澡，但这是在做无用功。

正确的方法是，给狗狗洗澡时，不要大量地使用沐浴露去消除狗狗本身的气味，而应该细细地轻柔地用清水给它洗澡，让狗狗身上留下它自己的味道，这样的话应该就不会那么频繁地打滚了。

洗完澡后马上用毛巾擦拭狗狗的身体，然后用吹风机吹干，不要随着狗狗的性子让它想干什么就干什么。

为了重新沾染上洗澡时被洗掉的自己的气味，狗狗拼命地打滚

被爱犬不愿洗澡而困扰的主人们，试着调高水温吧。有些饲养员或兽医会建议水温要在 30 摄氏度以下，但是 35 摄氏度以下就太冷了不是吗？最合适的温度应该是 40 摄氏度左右。

狗狗用嗅屁股的方式打招呼

目的是从臭味中获得信息

散步的时候，狗狗遇到其他的同类时，可能会去嗅对方的屁股。特别是公狗狗和母狗狗相遇时，主人会觉得不好意思，不自觉地加重扯狗绳的力道，想要制止狗狗的行为。但是对狗狗来说，它们只是在单纯地打招呼而已，并不是想要交配。

我们人类会和初次见面的人说"你好"，并交换名片，狗狗互相闻屁股也是同样的道理。它们通过闻屁股来知道对方的性别以及是否强大。

但是，为什么是闻屁股呢？事实上，狗狗肛门的正下方有一对叫作肛门腺的器官，肛门腺会分泌一种带有特别臭味的液体，狗狗通过嗅这种分泌物可以获取多种信息。

仔细观察狗狗拉大便的话可以发现这种分泌物。狗狗拉完大便的一瞬间，会落下几滴和小便一样的液体。这就是从狗狗肛门腺滴落的分泌物。

因为狗狗肛门腺的分泌物比较少，所以并不会很臭，像黄鼠狼、臭鼬这种肛门腺很发达的动物，分泌物就会散发出强烈的臭味。

但是也有一些狗狗不善于从肛门腺排出分泌物。如果不采取措施的话会引起炎症，甚至会造成肛门腺破裂，危及狗狗性命，因此请主人们定期检查狗狗的肛门腺吧。

狗狗过于在意自己肛门的时候，主人就要引起注意了。如果肛门腺出现肿胀，一定要请兽医或狗狗美容师对狗狗的肛门腺进行刺激，压迫使它排出分泌物。

通过嗅屁股来确认对方的性别以及是否强大

是母狗狗啊

吭吭

它没有那么厉害啊

吭吭

小知识

有些人想养狗，但却不喜欢狗狗的体味。这种时候，选择体味没有那么强烈的狗狗就好了。比如说，贵宾犬、西施犬、吉娃娃、蝴蝶犬这些小型犬，一个月洗一回澡的话也不会有很强烈的体味。

抢主人的食物是因为平时被惯坏了

一点也不能让步

主人自己吃完饭后才能给狗狗喂食，这是一条很重要的规则。但是，实际执行的时候有一个让人头疼的事，那就是狗狗会在主人或是家人吃饭的时候上前讨食。

讨食的方法千奇百怪。有些狗狗会发出"吭吭"的悲鸣，有些狗狗会发出类似发泄不满的吼叫声，而有些狗狗就像在说着"拜托了"一样，会把前脚搭在主人身上……

有很多主人心一软，就会说"就给你一点哦"，然后把自己的食物分给狗狗，这样是绝对不可以的。

经常有狗主人反映说自家狗狗窜到桌子上、厨房里抢人类的食物，这令他们头痛不已，但究其原因就是之前说的"就给你一点哦"。

狗狗是很聪明的。但是它们不具备像人类一样发达的思考能力，所以并不能理解"平常是不可以的，只有这次可以"这种复杂的话。即便只有一次把自己的食物分给了狗狗，它们也会觉得"原来我们也可以吃人类的食物啊"。所以就"理所应当"地吃掉了放在桌子上或厨房里的食物。

想要彻底治好狗狗抢主人食物的毛病的话，主人必须狠下心来，坚决无视狗狗的讨食行为。不管它怎么嚎叫或是哀鸣，都不要理它。如果发现狗狗想要爬上餐桌或是窜进厨房，一定要板起脸来训斥它。为了不让狗狗爬上餐桌，提前把椅子收好，不给它"阶梯"也是很重要的事。

一开始狗狗也许会摆出不可思议的表情，"为什么今天不可以了？"，坚持一段时间之后，狗狗就会明白"人类的食物是不能吃的"了。

不行

就给我一点呗

吭吭

想要彻底治好狗狗抢主人食物的毛病的话，主人必须狠下心来坚决无视狗狗的讨食行为

小知识　我们的食物对犬类来说卡路里超标了。狗狗一讨食主人就妥协的话，一段时间之后它们就会变得肥胖。不管是人类还是犬类，肥胖都会对身体产生不好的影响。想要爱犬健康长寿的话，一定不能对它们的讨食妥协。

追逐奔跑是狗狗狩猎的本能，应该如何训练

特别是猎犬

虽然最近不怎么多见，不过不久之前，即使是都市也经常能够看见野狗出没。放学途中或者出去玩的时候，应该也有人曾经被野狗追赶过吧。

请试着回想一下当时的场景。按道理来说，野狗应该不会突然袭击的。

你的伙伴不知道是谁先跑了起来，以此为契机，野狗就冲了上来，而你也就顺势开始跑了，对吧。

野生时期的狗狗靠抓动作灵活的老鼠之类的小动物为食生存。那个时候犬类就形成了看见逃跑的动物就会想要冲上去抓住的本能。

这种本能也深刻地遗留在了现在狗狗的身上，它们看见眼前会动的物体或是逐渐远离自己的东西的时候，不知不觉就想要冲上前去。

像比格犬、巴吉度犬这些作为猎犬被培育出来的犬种，这种本能格外强烈。

人类在饲养和训练猎犬时着重培养了它们的冲动性、好奇心以及追踪能力等狩猎本能，因此，它们看见路过的自行车或是正在跑步的人的时候，就不自觉地想要追上去。

与此同时，也有一些狗狗只在特定的公园或是路上追逐自行车或路人。这是因为狗狗把这个公园或是这条路当成了自己的势力范围。在不是自己势力范围的地方，狗狗会想着"如果擅自在这里展开狩猎行动的话，会被其他同类攻击的，还是不要这么做了吧"，之后便会抑制自己的情绪。

如果狗狗追逐的时候过于兴奋，主人可以和它玩丢球、捡球或是捉迷藏的游戏，帮助它转移精力。

看到离自己远去的物体就想要去追

据说犬类中跑得最快的是在竞赛中很出名的灵缇犬。最高时速可以达到 60 千米。它们可以在一秒之内就达到这个时速。不过和豹子一样，它们不擅长长距离奔跑。

狗狗躲在狭小地方时 最好让它自己待着

因为那里最能让它安心

有时回过头来发现平常一直待在身边的爱犬却怎么找也找不到了，叫它的名字也不出来。因为担心，把家里找遍了之后，发现它正躲在床底下或是沙发背后发抖。

看到这种景象，主人不自觉就会叫狗狗的名字，一边探出头看着它，说着"没事吧，来这边"，一边伸出自己的手。其实这种时候最好忍住，不要去打扰狗狗。

狗狗躲进狭窄黑暗的地方是因为它受到了惊吓或是遭遇了什么恐怖的事情。原因是多种多样的，比如说它听见碗碟掉落下来破碎的声音，听见电视机中传来的汽车轮胎打滑的声音之类的，有时就会觉得异常恐怖然后躲起来。

主人会觉得，狗狗不用躲在那么狭窄的地方也行啊，趴到自己的腿上，让主人来保护你，但是对狗狗来说，黑暗狭窄的地方才最能给它安全感。

即使平时接触到主人身体就感到安心的狗狗，如果恐惧感达到一定程度，就会本能地钻进黑暗狭小的地方。

有些主人看到爱犬躲在狭小的地方发抖，就会很震惊，然后发出很大的声音，这样会让狗狗抖得更厉害。如果硬要拽它出来还会有被咬的可能，所以还是等狗狗冷静下来，让它自己从那里出来吧。

除此之外，狗狗出来之后主人一定要去检查一下它躲过的地方。

因为狗狗在极度恐惧的情况下可能会尿尿，如果没有处理掉尿液的话，狗狗可能会误以为那个地方就是厕所。

尿道括约肌先天性无力的狗狗受到一点惊吓或是感到恐惧的时候就会失禁。比起小型犬，大型犬更容易出现这种情况。如果狗狗漏尿量大的话，可能就是尿道括约肌出现问题了。

心爱的狗狗不理睬你的时候请不要生气，给它一个拥抱吧

不理睬你是因为狗狗知道你爱它，它在跟你闹别扭

之前介绍过，教训狗狗最好的办法就是无视它。然而有些狗狗会反过来无视主人。

被无视的主人大多会感到困惑，有些主人还会愤慨地想"什么呀，装出一副很厉害的样子，晚上我不会给你饭吃的！"

但是，与主人无视狗狗一样，狗狗无视主人也是有原因的。

请仔细观察狗狗的表情。狗狗此时应该正趴在地上，装出毫不关心的表情，但会偶尔抬起眼皮，悄悄地看着主人。用人类的话来说，狗狗正在闹别扭呢。

请回想狗狗无视你之前的情景。是不是狗狗向你发出了来玩的邀请，而你忙着玩手机、看电视，结果无视了它呢？

如果真是这样的话，狗狗就会想着"我明明没有做错事啊，为什么要惩罚我呢？""主人已经不爱我了……"，然后逐渐意志消沉。

也就是说，狗狗之所以无视主人，并不是因为它轻视主人，而是因为它知道主人很爱它，它在跟主人闹别扭呢。

所以，如果主人对着狗狗发脾气"不许无视我！"，或是冲它丢东西的话就太过分了。这样做的话只能让原本亲近的狗狗逐渐疏远自己。

这种时候，抱抱闹别扭的狗狗或是摸摸它的脑袋和后背，以此传达主人对它的关爱吧。这样一来，狗狗不久之后就会变回之前的样子，听到主人的召唤也会开心地回应了。

想让主人
抱抱我

狗狗闹别扭的话，
抱抱它或者摸摸它，
用这样直接的方法
表达主人的关爱

小知识　有些人抱狗狗的时候喜欢让狗狗仰面露出腹部。但是狗狗并不喜欢把腹部暴露出来，所以这种抱法我们并不推荐。狗狗喜欢的抱法是，把前脚搭在主人肩上，让主人的一只手拖着自己的屁股，另一只手护在背部。

散步时需要帮它整理毛，每次

有的犬种不会自己理毛，

亲自动手 最好是主人

理毛是为了清洁狗狗的毛发与皮肤。但是，狗狗并不能像猫一样自己清洁全身。

一开始，犬类的毛都是中等长度，相当于基因接近古老犬类的西伯利亚哈士奇犬的毛的长度。然而在人类为了美观而改良犬类后，一些长毛犬类增多了。不仅有的狗狗毛变长了，像贵宾犬这种卷毛犬也被培育了出来。这些犬类很难只凭自己的舌头完成理毛工作，如果放任不管，它们的毛会慢慢发臭，身体也会越来越脏。

除此之外，被改良的犬种里还有一些因为体型发生改变而不能自己理毛的狗狗。此时，狗主人们就要代替狗狗在给它们梳毛或者洗澡时，去除多余的毛发。

有些主人会想着，理毛这种事交给狗狗美容师就好了，但是每次散步都要给狗狗理毛是主人的基本功课。

外界漂浮着许多跳蚤、螨虫、霉菌以及细菌，所以散步回来的时候必须好好用刷子给狗狗梳毛，把脏东西去除掉。此外，认真给狗狗梳毛的话也有利于主人观察狗狗是否受伤或是得了皮肤病。

如果不经常给狗狗梳毛，狗狗会变得讨厌和人类产生身体接触。有很多主人花了大价钱饲养的狗狗，极端讨厌被不认识的人碰到，甚至在被碰到身体的瞬间会咬对方。这就是因为主人平常没有好好给狗狗理毛。所以，不要想着什么都依赖狗狗美容师，每天要做的事还是要请主人自己动手。

第3章
狗狗的行为
和心理

低头、撅屁股、摇尾巴表示邀请，是狗狗的社交行为

在一旁守护就好了

为了了解狗狗的心情，不光是耳朵和尾巴，注意观察它全身的动作是很重要的。比如说，我们经常可以看到狗狗伸出前爪低下头，翘起屁股大幅度晃动尾巴的样子。这是狗狗特有的姿势，它在积极地邀请对方和它玩耍，仿佛在说"来玩呀！"。

散步途中遇到其他狗狗对自家狗狗做出这个动作时，很多主人会担心"我们家的狗狗会不会向对方狗狗扑过去啊"，然后不自觉地紧紧拽住狗绳，想要带狗狗离开那个地方。其实这并不是攻击的预兆，反而是对同类表示友好的动作，所以主人大可不必那么紧张。虽然不知道对方狗狗会有怎样的反应，但是主人最好还是什么都不要做，就这样在一旁守护它们。这样的话狗狗的满足感会上升，压力也能得以缓解。

家里养了多只狗狗的话，有时候主人会分不清楚它们到底是在玩耍打闹还是真的打起来了。如果狗狗们在追逐、飞扑、互咬之后还做出了上述动作的话，那它就是在告诉主人"刚刚是在开玩笑呢！再来玩呀！"，所以请主人不要担心。

这样的打闹是狗狗为了确认同类之间的地位或是进行社会性学习的重要一环。只要狗狗不是过于兴奋，主人没必要要强行把它带走。

如果第一次遇见的狗狗对你做出了这样的动作，说明它在欢迎你。摸摸它的头表达你对它的善意吧。因为狗狗的动作其实也在表示"第一次见到你，请多多关照"。

除此之外，狗狗有时会故意把鼻子或脸凑上来，这是在表达希望主人理理它，跟它玩一玩。

来玩啊

低下头撅起屁股摇尾巴是在表示友好

理理我

把鼻子或脸凑上来是想让人理理它

小知识　犬类为了确认地位或守卫领地而打架时，一般不会给对方造成致命伤。但是，犬类袭击人类的时候，一般都会给对方造成很严重的伤，这是因为人类没有对犬类做出服从姿势。

一边绕圈子一边靠近是友好和服从的表现

表示自己没有攻击你的想法

有时候即使叫了爱犬的名字，它也不像平常一样直线冲到自己的面前，反而绕着圈子慢悠悠地靠过来，有点让人摸不着头脑。这个时候你会生气吗？

我们在跑业务的时候如果听说上司今天心情好像不太好，也会不太想回公司。即使知道没什么用，我们也会绕个道，尽量拖延一下，这样就可以晚些回公司了。狗狗绕圈也是这个道理。也就是说，狗狗感觉到恐怖和紧张，所以才选择慢悠悠地靠近。

对于狗狗来说，绕圈子是为了把自己最大的弱点——侧腹暴露给对方看，告诉对方"我都把我的弱点暴露给你看了，你就饶了我吧""我会绝对服从你的指示的，不要攻击我哦"。也就是说，这是百分百服从的意思，如果因此严厉地训斥它的话会适得其反。

如果初次遇见的狗狗绕着圈子接近你的话，它是在对散步时遇见的你表示"虽然我有点紧张，但我并没有攻击你的意思哦"，所以你没有必要惊慌地逃走。

如果你喜欢狗狗的话，可以放低身子，表示你也没有要攻击它的意思，对方狗狗一定会开心地靠过来，如果你不喜欢狗狗的话，站在那里也是没有问题的。

对于初次见到的狗狗，如果产生了想要和它亲近一点的想法的话，也可以利用这种方法接近它。即使觉得狗狗很可爱，也请不要直接走过去靠近它，试着故意绕圈子接近它吧。这样的话，狗狗就会觉得安心，也就会接受你了。

不要攻击我哦

过来

狗狗边把自己最大的弱点——侧腹
露给对方看边靠近
是在表达自己百分百的服从

行为

3

龇牙咧嘴是没有自信的表现，不能从小养成坏习惯，

一定要及时纠正

经常会有宠物犬逃跑咬伤行人的事件发生。对于爱狗人士来说是懊恼的事，但对不关注狗狗的人来说，他们会觉得"狗狗太凶了才咬人的吧"。

但事实上，咬人的更多的是胆子小的狗狗。

比较一下人类和犬类体型的大小，只要不是超大的大型犬，一般来说都是人类的体积更大。而且人类的视线范围也远远大于犬类。自然界里应该也没有多少动物会去找比自己体积大的对手打架。狮子会去袭击比自己体积大的野牛，这是因为它们是团体作战，而并不是一对一单挑。

也就是说，狗狗袭击比自己体积大的人类是例外中的例外。如果不是被逼急了，狗狗是不会想要去咬人的。

冲上去咬人是做好了必死的准备。狗狗咬了人的话，包括主人在内受到非议是自然的，但事实上此时狗狗是抱着必死的想法才咬了人。

但是，有些狗狗会咬人而有些狗狗不会咬人也是事实。造成这种差异的原因是主人在狗狗幼犬时期的不同训练方法。幼犬不管看见什么都想咬上去。这是因为它们想知道眼前到底什么东西才能咬，与此同时，它们也会轻轻去咬主人的手。如果放任不管，它们就不会改掉这个毛病，长大了也会咬人。幼犬与成年犬咬人的力道完全不同，所以即便是轻咬，咬伤人的可能性也极高，请主人一定要纠正狗狗咬人的习惯。

咬人是舍身的攻击，不是被逼急了的话是不会咬人的

不要欺负我

嗷呜

小知识　犬类从额头与鼻子连接部分的凹陷处开始到鼻尖的部分被称为口鼻处。口鼻处对狗狗来说既是武器也是弱点。如果压制住了这个地方，那么犬类就无法使用牙齿这个有力的武器了。

主人的威严

教狗狗眼神交流能确立

第一步从叫它名字给它零食开始

为了确立主人的威严，需要让狗狗盯着主人看，这叫作眼神交流。

有些人也许搞不懂，盯着看与确立权威之间到底有什么关系。试着回想一下学校的早会。盯着看的是学生们，被盯着的是老师们和校长。也就是说，盯着看的一方地位更低，被看的一方地位更高，这在狗狗的世界也是一样的道理。

我们训练的目标是，只要主人叫了狗狗的名字，不管什么时候，狗狗都能马上对上主人的眼神。要训练狗狗做到不管是在吃饭，还是在玩自己最喜欢的球球，只要听到呼唤就能马上放下手头的事，迎上主人的目光。

如果主人训练得好，遇到狗狗追逐着球，即将跑到马路上去的时候，也能通过叫它的名字让它停下来，防止事故的发生。

训练狗狗眼神交流的第一步就是，一边叫着狗狗的名字一边给它零食。通过这种方法告诉狗狗"回过头来有好事发生哦"。

下一步的训练目标就是，当狗狗的注意力集中在电视或是玩具上面时，主人只叫一次它的名字，就能让它看向主人。完成这一步，马上喂给它小零食，夸它"很好很好""做得真不错"。

接着，试着在散步的时候叫它的名字吧。外界有许多狗狗感兴趣的东西，这些都会分散狗狗的注意力。在它能踏实掌握眼神交流的技能之前，请主人耐心训练它。

如果狗狗能完美地完成上述步骤，那就可以慢慢减少喂给它零食的次数了。以此告诉它"你并不是为了零食才回头的哦"。需要注意的是，狗狗集中注意力的时间最多也就 10 分钟左右，训练持续时间不宜太长。

追着自己的尾巴绕圈

是狗狗的解压方式

也可能是因为寄生虫或是生病了

有时狗狗会追着自己的尾巴不停地绕圈。因为看起来很有趣，有些主人就放任狗狗绕圈，或是给朋友展示狗狗可爱的样子。

对于不管看到什么都能产生兴趣的幼犬来说，有时会突然对自己平时不太容易看见的尾巴产生兴趣，就追着自己的尾巴跑了起来。但是如果成年之后还是追着自己尾巴跑的话，我们一般认为这是因为狗狗囤积了太多压力。

比如说，明明不喜欢洗澡却被主人逼着去洗了澡，或是在自己不熟悉的狗狗旅馆寄养之后，都容易产生这样的行为。也就是说，狗狗被迫做了自己不想做的事情之后，为了排解产生的压力而选择了这种追着自己尾巴绕圈的方法。

对于长尾犬而言，在追逐自己的尾巴时有可能会狠咬下去，有时甚至有咬掉一块肉的情况发生。有些主人会乐观地想"我们家的狗狗只是追着自己尾巴玩而已，没事的"，但是追着自己尾巴绕圈和咬伤自己只是分毫的区别而已，希望主人们了解这一点。

除此之外，有些狗狗在受到寄生虫或是其他疾病困扰的时候也会做出这样的举动。这样的情况下，狗狗的目标其实不是尾巴，而是为了确认自己肛门的情况才咕噜咕噜转圈的，因为主人其实分不太清，所以才会误认为狗狗是在追逐自己的尾巴。

所以如果我们看见狗狗追着自己尾巴绕圈，首先要确认一下狗狗的肛门附近有没有寄生虫，然后回想一下有没有发生让狗狗感到压力的事件。

狗狗被迫做了自己不想做的事情之后，为了排解产生的压力，而产生了这种追着自己尾巴绕圈的行为

咕噜

咕噜

也有可能是狗狗受到了寄生虫或其他疾病的困扰，请注意

小知识   犬类屁股发痒大多数是因为绦虫的寄生。虽然对健康的成犬并没有什么影响，但是在寄生虫数量多的情况下，犬类会产生贫血、拉肚子、食欲不振的症状，与此同时，绦虫会从肛门露出来一部分，犬类难以忍受瘙痒就产生了追着自己尾巴跑的行为。

行为 6

搞破坏说明散步时间太少、驯服不到位

重要的是不要给它压力

养狗的人家经常会遇到这样悲惨的情况——下班回家后发现自己心爱的东西被狗狗撕咬得四分五裂。

因为幼犬的力气比较小，即使破坏东西，情况也没有那么严重，但随着它们长大，破坏力也会随之更上一层楼。

这种行为被称为破坏癖。幼犬时期虽然可以看成恶作剧了事，但如果它们成年之后还这样，就要被归为问题行为了。

为什么狗狗看到什么都想要上去破坏它呢？首先我们不能忽略的是，对于狗狗来说，咬东西就和呼吸一样，是理所应当的事情。也就是说，对狗狗下"什么都不许咬"的命令是不可能的。但是，如果狗狗抱着破坏东西的心理去咬，那么一定是有明确的原因的。

首先，由于运动不足造成压力累积的可能性很高。

对于工作繁忙的主人来说，早晚的散步可能是一种负担。但是，既然养了狗狗，散步就是无法避免的。如果因为怠慢散步而造成宝贵的东西被破坏了的话，那只能说主人是自作自受。

其次，可能是主人的驯服不到位。幼犬在出生后3~7个月会完成乳牙到恒牙的交替，它们会记住在此期间咬过的所有东西。这个时候如果主人不告诉它们"玩具是可以咬的，但家具是不可以咬的哦"的话，狗狗就会觉得"什么都可以咬啊"。

狗狗咬了不该咬的东西的话，主人不应该马上发怒，而应该采用生理上会造成狗狗不适的方法来抑制它的行为。此时不能采用暴力手段去应对，因为这是造成狗狗压力囤积的元凶。

我想去散步啊

嗷呜

嗷呜

由于运动不足造成的压力累积，
会促使狗狗下狠嘴破坏家具

小知识　狗狗破坏东西时最主要用的是犬牙。犬牙上下各两颗，尖锐且较大。狗狗咬东西时，有时会把牙床豁出一个缺口，如果放任不管，细菌容易从伤口进去，很有可能引起牙龈发炎。

散步时扯狗绳？——以为自己是老大呢

应该由主人掌控前进方向

有些主人带狗狗去散步的时候，会被狗狗拖着走。虽然这样做上坡的时候主人会觉得确实变得轻松了，但是狗狗扯狗绳并不是值得提倡的行为。

狗狗原本是群居动物。在一群狗狗里会有一个领袖，这只狗狗会决定大家接下来该如何行动。散步的时候扯狗绳，自己决定想要去的地方这种行为，说明狗狗觉得自己才是老大。

如果在日常生活中允许狗狗这么做，渐渐地它就会变得任性，不再听主人的指示了。除此之外，狗狗扯狗绳的时候会让脖子受到压力，长此以往也会对健康造成不良的影响。

想让狗狗不再扯狗绳，需要让狗狗意识到主人才是老大。

具体来说，散步并不是因为狗狗的央求，而是主人主动牵着狗狗出门散步。散步的时候由主人决定前进的方向。

比如说在十字路口前，如果狗狗想要抢先直走的话，主人就可以故意左转或是右转。这样的话，狗狗就会意识到不能随着自己的性子来了。

平常教狗狗服从"停""坐下""趴下"的命令也是很重要的。这样的训练，能让狗狗知道主人的指令是必须要服从的，主人才是老大。

散步途中如果看到狗狗有先走一步的征兆，请马上对它下"停""坐下"的命令，让它停止动作，告诉狗狗它并没有决定权。

有许多材质不同、设计不同的狗绳，在这之中最推荐的是结实
不易打滑的皮质狗绳。至于长度，以主人拿着绳子举起来时绳子能
碰到地面为宜。伸缩式的狗绳会让狗狗任性先走，所以并不推荐。

玩球不起劲？——颜色

不易于狗狗分辨

狗狗不擅长分辨红色系

狗狗很喜欢玩球。然而对有些颜色的球，它们会表现出不怎么感兴趣的样子。也有一些狗狗天生就不喜欢玩球，不过很多情况下都是因为球的颜色不易于狗狗分辨。

以前都说猫和狗不会分辨颜色，它们一直生活在黑和白的世界里，但最新的研究表明，用人类的话说，猫和狗只是色盲而已。

哺乳类动物的视网膜里，有感知颜色的视锥细胞和感知光线强弱的视杆细胞。而人类的视锥细胞又分为三类，各自能够强烈感知到红、黄、蓝。

然而狗狗（猫也一样）只有两种视锥细胞。它们到底能感知哪种颜色现在还不清楚，但据我们所知，应该不是红和绿。也就是说，狗狗看到的世界虽然并不是非黑即白，但因为只有二元色，所以对色彩的还原度并没有人类那么高。

你是不是会认为，因为红色也是二元色的一种，所以狗狗应该很容易分辨才是，但事实并非如此，这是为什么呢？据说这是因为和人类相比，狗狗在过于明亮的环境中反应比较迟钝。原本狗狗就是夜行动物，因此它们的眼睛进化成了相比于在明亮的环境中，更擅长在黑暗里行动的形态。也就是说它们更擅长在黑暗的环境下分辨周围的事物。

然而感知颜色的视锥细胞只有在一定亮度下才会工作，因此要使这两种细胞完美发挥作用，只有在天蒙蒙亮或天黑昏暗的时候。白天光线过于刺眼并不利于狗狗分辨颜色，特别是红色，所以狗狗难以对红色的球作出反应。

白天光线过于
刺眼难以对红球
作出反应

小知识

虽然猫和狗是色盲，但据说鸟、猴、虾、鲤鱼、金鱼等动物和人类一样能够分辨三原色。然而牛完全不能分辨这些颜色，只能生活在黑白的世界里。不可思议的是，和狗相比，虾对色彩分辨的能力更优秀。

在房间里撒尿做记号
是不安的表现

环境的变化也许
也是原因之一

狗狗撒尿分为两种情况。第一种是为了排出体内多余的水分；第二种是为了做记号。前者的原理与人类相同，而后者则是会划分势力范围或有发情期的动物所特有的行为。

处在发情期的公狗的小便，由于尿液里含有许多向雌性夸耀自己力量强大的性荷尔蒙，所以此时的尿液气味会很冲。

除此之外，此时的狗狗在做记号的时候相比于平常，脚会抬得更高，它们尽可能地想要把尿尿到更高的地方。甚至还有些小型犬为了尿得更高而选择了倒立着撒尿。这是为了尽可能告诉对方自己体型大。因为通常来说体型越大力量也会越强大，这样撒尿对维护领地确实很有用，同时也可以吸引异性。因此，狗狗们才会拼命地想要把尿撒到更高的地方去。

对于公狗来说，做标记是一项不可或缺的工作。但是如果狗狗在室内这么做的话，对主人来说就会变成很头疼的事。有些主人会想，不让狗狗做标记的话，带它们去做去势手术不就好了吗？但是，有些狗狗只要做过一次记号就会形成永久记忆，即便做了去势手术依然会做记号，因此，去势手术必须要在狗狗形成做记号的习惯之前进行。

除此之外，有些狗狗明明之前一次都没有做过记号，却突然开始在家里做记号，这也许是因为环境的改变。比如说家庭成员突然增加了，或是搬家了，由于这些原因，狗狗变得不安，就产生做标记的行为了。

还有一个原因就是，狗狗产生了自己比主人地位高的错觉，于是在室内开始做标记，此时请主人注意不要惯坏它。

这里也……

有时候搬家也会引起狗狗不安的情绪，从而导致它们做记号

小知识　有些主人不在意自己狗狗在电线杆上撒尿，但对住在附近的人来说这是恶臭的源头。为了避免纠纷，主人们还是在散步的时候携带装着自来水的瓶子，在爱犬做标记之后清洗掉比较好。

和同类打架是为了保护主人

训斥它 不可以大声

有些狗狗看到同类时，不仅会吼叫，有时甚至还会想要猛冲上去。如果是大型犬，主人又拉不住它们，就有可能扭打在一起。

我们经常听到狗狗和猴子关系不好的说法，但狗狗与狗狗之间也未必都能称得上关系好。这是因为狗狗（尤其是公狗）们经常比较自己与对方谁的地位更高。

给对方看肚皮这种表示服从的姿势是为了避免无谓斗争的手段。但是对于很小的时候就被带离父母身边，一直在人类的环境中被抚养长大的狗狗来说，因为它们完全没有学习过犬类世界的规矩，没有这样的常识，所以遇到其他狗狗，特别是第一次见面的狗狗时，就会突然冲上去和它们打架。

一旦开始打架了，狗狗就会变得极度兴奋。如果主人跳出来想要阻止它们的话，反而会提高自己被误咬的可能性。除此之外，大声训斥狗狗也只会刺激狗狗使其更兴奋，所以请不要这样。阻止狗狗打架的时候一定要用拉狗绳的方法。然后把狗狗带到看不见对方狗狗的地方去，用轻柔的语言安抚狗狗让它冷静下来。

这种时候，有些主人会训斥狗狗，但狗狗也许是抱着保护主人的想法才想要去和同类打架。这个时候如果不分青红皂白地训斥它，狗狗会感到疑惑的。

等狗狗冷静下来了，请主人检查狗狗看它有没有受伤吧。

因为狗狗的牙齿很尖锐，有时主人觉得只是被咬了一下而已，但其实狗狗受了很重的伤，如果放任不管，伤口也有可能会化脓。

切忌像个毫无常识的人一样，做出"没关系的吧"的判断，请一定带狗狗去看兽医。

狗狗在打架之前，双方一定会开始低吼（或者是一方低吼）。如果狗狗开始低吼了，请主人注意这个危险信号。除此之外，狗狗之间也有性格不合的情况，如果自己的狗狗只对特定的同类表达敌意的话，这种情况下最好还是错开它们散步的路线或时间吧。

行为

11

为什么狗狗到了外面就不听话了

面对面交流尽量与狗狗

由于叫声或场地的问题，最近选择室内饲养的人也多了起来，包括大型犬在内。虽然有些人觉得是不是保护过头了，但是考虑到教养、健康等方面，室外饲养还是有许多问题的。

首先，室外饲养的狗狗会产生很多压力。原本狗狗就是群居动物，室外饲养的狗狗要自己孤零零地生活（排除多条狗一起生活的情况）。这对狗狗来说会产生压力，于是会不停舔自己前爪，也有些狗狗会开始乱叫。

除此之外，如果狗狗和主人以及家人一起生活的时间少，就会开始分辨不清自己的身份，不听主人的命令，散步的时候也会大力地拽狗绳。

为了避免这些问题行为，主人应该尽可能频繁地与狗狗接触。不仅是散步和喂食的时候，还要经常去看看狗狗，试着多对它说"还好吗？""冷吗？"之类的话。照面打得越多就越能形成亲密的关系，这对人类和犬类来说是一样的。

除此之外，室外饲养的时候，很多人会给狗狗拴上狗绳，限制它们的行动，但这对狗狗来说也很容易造成压力。特别是如果从小就这么做，狗狗会变得不开朗，形成神经质的性格。所以尽量还是让狗狗自由活动吧。

由于狗狗原本就在寒冷的地方生活，所以没有必要特别注意防寒，但夏季的散热和防蚊却是十分重要的。以蚊虫为媒介传播的犬钩虫病会给狗狗造成致命伤，一定要注意。

犬钩虫病，是一种以蚊虫为媒介传播的寄生虫病。犬类的白细胞无法识别犬钩虫为异物，犬钩虫主要会进入犬类的心脏、肺动脉进行繁殖，此时会引起犬钩虫病。感染这种寄生虫的犬类，肺、肝、肾等会受到伤害。

狗狗大便前会来回走动

打探周围情况

感受到被偷窥时会不安

你有没有见过狗狗大便之前的样子?

狗狗决定好要在哪里大便之后,一般会开始来回走动。看着它重复同一动作的场景会让人不自觉地想要笑出来,可这对狗狗来说是非常重要的动作。

对于只拥有一项锐利武器——牙齿的狗狗来说,后半身是它们的弱点。我们都知道最好不要暴露自己的弱点,但对狗狗来说,大便的时候无论如何都会把自己的后半身暴露出来。而且在那段时间里还要保持一动不动的姿势,即便只有一小会儿。

这对野生时期的狗狗来说是一个很严重的问题。因此当狗狗决定了大便的场所后,它们一定会来回走动,好好确认到底有没有敌人。

这种行为经过日积月累,已经作为本能印刻进狗狗脑子里了,所以即便是不会被天敌袭击的现在,它们也会来回走动来确认是否安全。

如果偷窥正在排便狗狗的脸,有时它们会露出很羞耻的表情,那副表情简直就像在说"好害羞啊,不要看了"。

然而其实它们并没有产生害羞的情绪。此时的表情是在向人们传达"我在大便的时候正处于无防备的状态,即使你是我的主人,偷窥我还是会让我感到不安"。

除此之外,也有些狗狗毫不在意在人前排便。如果主人觉得这样不好的话,可以在狗狗运动后或饭后这些容易排便的时候将狗狗带离人前。带着狗狗去容易让它放松下来的草地,让它在那里上厕所,之后再奖励它。请耐心地不断重复这个过程,直到狗狗掌握这项技能吧。

犬类有时也会排便失败。这种时候，请主人什么也不要说，默默清扫就好了。如果说了"又失败了？"之类的话，狗狗会误以为主人很高兴，之后会故意继续排便失败的行为。请主人只在狗狗排便成功的时候好好夸夸它吧。

13

散步时发现狗狗爱吃杂草？

——肠胃出现问题

想吐出打结毛发，维生素不足也是原因

散步时有些狗狗会突然钻进草丛开始大吃杂草。我们认为造成这种现象的理由有三个。

①肠胃出现问题的时候

虽然狗狗拥有人类无法比拟的强大的消化器官，但有时肠胃也会出现问题。狗狗为了自愈，有时候就会去吃杂草。

对于狗狗来说杂草就像中药一样。比如说，在道路两边放肆生长的扁穗雀麦（犬麦），如同名字一样受到狗狗的喜爱，这种植物对调节狗狗肠胃起到很大的作用。

除此之外，中医经常使用的鱼腥草也混在杂草之中，狗狗也非常喜欢，经常去吃它。

②想要吐出打结毛发的时候

狗狗经常用自己的舌头去理毛，这个时候就会吃下自己的毛发。这些毛在胃中积攒就会变成毛球，引起消化不良。因此之前吃下去的尖尖的草会刺激胃和食道，帮助狗狗吐出毛球。

③维生素不足的时候

人们容易误认为狗狗是肉食动物，其实狗狗是杂食动物。如果狗狗一味只吃肉的话，容易造成维生素不足。因此，狗狗不时吃草是为了补充身体内缺乏的维生素。

虽然吃杂草并不是什么异常行为，但路边的杂草可能混有细菌、寄生虫之类的，狗狗吃下去之后反而会使健康状况恶化。因此，发现狗狗想要去吃杂草的时候，请主人拉紧狗绳制止它，去宠物商店买专用的狗草或猫草给它们吃吧。这些草里不含寄生虫或是农药，可以放心大胆地给狗狗吃。

狗狗吃杂草的理由

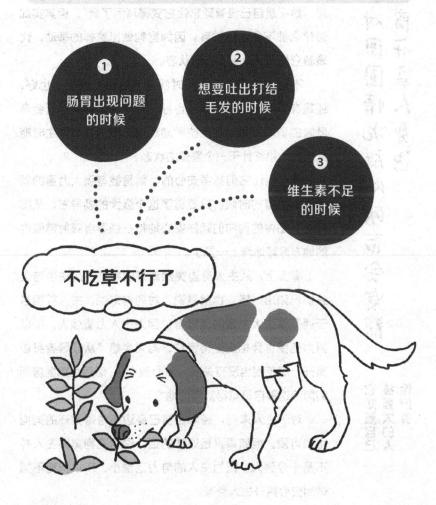

① 肠胃出现问题的时候

② 想要吐出打结毛发的时候

③ 维生素不足的时候

不吃草不行了

小知识 狗草与猫草里的主要成分是燕麦。虽然猫和狗只吃燕麦草的部分，但这其中也含有大量的优质蛋白质。加工之后的燕麦片也受着人类的喜爱。

离开主人身边

对周围情况放心以后会突然

它知道自己被强大的人保护着

当主人沉迷于看电视时，有时狗狗会从原来趴着的地方突然站起身走到房间的角落去。有些主人会不安地想"是不是自己没有理它让它变得消沉了啊"，但其实此时什么都不做也没关系。因为狗狗做出这样的举动，代表着它处于一个很安心的状态。

不管狗狗是在睡觉的时候把下巴搁在地板上也好，还是在排便之前四处走动也好，都是为了确认是否会有危险的情况发生。从这些举动都可以明白，在野生时期的狗狗，始终处于一个警惕的状态。

唯一能让它们觉得安心的，就是被有强大力量的领导者保护着的时候。只要有了这个强大的领导者，从属于这个团体的狗狗们就能安心地待在领导者辐射范围内的地方好好地睡上一觉了。

事实上，从主人身边突然离开的狗狗的想法也与上述情况如出一辙。也就是说，对狗狗来说，主人就相当于拥有着强大力量的领导者。因为主人力量强大，所以势力范围也会相应变得宽广，狗狗会想"从领导者身边离开一定范围也没有关系，放心放心"，然后就跑到房间的角落这种自己觉得舒服的地方。

对于主人来说，经常在自己身边不舍得离开的狗狗比较可爱，但如果真是这样的话，说明狗狗觉得主人并不是十分强大。因为主人的势力范围小，所以狗狗不能做到安心离开主人身旁。

有些主人会发牢骚说"我们家的狗狗明明一直都很黏我，但却总是不听我的话"，原因也是一样的，狗狗觉得主人不够强大，所以就不听主人的命令了。

如果主人想要测试自己是否受到爱犬信赖的话，可以试着去握住爱犬的前爪。如果爱犬毫不抵抗任由主人握住的话，就说明主人受到爱犬的信赖。如果狗狗甩开主人的手的话，很遗憾，你们之间还未建立起信赖关系。

被摸头时咬人是害怕的表现

被人抚摸 有些部位不喜欢

散步的时候，有些路人会一边说着"啊！好可爱的狗狗"，一边开心地靠近过来。自家的狗狗被人夸奖了主人当然很开心，但如果对方下一秒就要伸手去摸狗狗脑袋的话，主人还是会不由自主地担心自家狗狗会不会咬对方。

很多人觉得，狗狗很喜欢自己被摸脑袋或是和人接触，所以这么做的话狗狗一定会很开心的。不夸张地说，很多狗主人也会有这种想法。但是，如果狗狗被摸会感到开心，是因为从小的时候就有受到抚摸的训练。通过这种训练，主人教导狗狗"人类一点也不恐怖""被抚摸很开心对吧"，所以狗狗才会喜欢被抚摸。

相反，在成长过程中没有被人类抚摸教育过的狗狗，它们极其讨厌与人类接触，即便是人类刚伸出手想要摸它们的时候，狗狗就张嘴咬人也不是什么稀奇的事。

这不能算作一种攻击行为，只是因为它们害怕人类才做出了这样的动作。比较人类与犬类的体型，明显人类这方更大。这样大的生物靠近过来，会害怕也是正常的。狗狗由于过于恐惧，才做出了咬人的行为。

和狗狗肢体接触的时候，主人保持放松的状态也是很重要的。如果主人也紧张的话，会把这种情绪传染给狗狗，导致狗狗也无法放松下来，这一点请务必注意。从头到尾巴的方向，轻柔地抚摸它吧。重点在于一边和它说话，一边轻柔地抚摸它。如果一言不发，只是抚摸狗狗的话，狗狗反而会觉得不安。

即使是喜欢肢体接触的狗狗，也有不喜欢被触摸到的部分。比如说，绝对不要拉扯狗狗的尾巴或耳朵。如果这么做的话，即使是温顺的狗狗也有可能会咬人。除此之外，摸狗狗的肉垫对人类来说很好玩，但对狗狗来说是完全开心不起来的。

停下

嗷呜

狗狗不喜欢被
触碰到的部位

耳朵

尾巴

在成长过程中没有被人类抚摸教育过的狗狗，它们极其讨厌与人类接触，即便是人类刚伸出手想要摸它们的时候，狗狗也有可能会张嘴就咬人

小知识 狗狗的肉垫通常是黑色的。在狗狗走路的过程中，肉垫与地面接触就会变得越来越硬，但是一些室内犬就算长大之后肉垫也还是保持柔软的状态。虽然软软的肉垫摸起来很舒服，但是这样的肉垫容易受伤，因此带室内犬散步的时候需要格外注意。

前脚挠头表示不满，后脚挠头则表示开心和满足

有时也是生病的表现

有句话叫"猫洗脸的话天就要下雨"。虽然说是猫在洗脸，但并不是用水来洗，它们只是用沾着唾液的前爪来擦脸。因为如果湿度变高或者气压变低的话猫会感到不适，于是做出这样的举动，因此这句话一定程度上来说还是有道理。

不仅是猫，有时狗也会做出好像在洗脸的举动。区别是狗狗不会沾唾液，而是用"挠痒痒"的方法，很多情况下并不是因为痒。

做出这样举动的原因，一般是因为狗狗心中有不满。比如说，主人撇开狗狗和他人谈笑的时候，有些狗狗会故意闯入主人的视野开始洗脸。狗狗这是在说"我希望你能看看我""我想让你说我可爱，可是你却不理我"。

狗狗想要受到主人、家人的关注这种心情是很强烈的，即便主人们不是有意的，狗狗还是不能忍受自己被无视。如果狗狗做出了用前脚洗脸的举动的话，基本就可以认定它是在诉说自己的不满了。

如果狗狗用后脚挠脸的话，它是在表达自己的满足与开心。比如说，吃到好吃的饭啦、和主人玩了很久啦之类的。此时的动作是在表达对主人的感谢之情，因此，请主人试着回应它"不用谢"吧。

只是，如果狗狗频繁挠脸的话，可能是因为生病了，这点需要引起注意。很多情况下是耳朵里长螨虫了或是耳屎囤积得太多了。尤其是垂耳犬，主人不容易观察到耳朵的情况，平时就更需要注意了。

小知识　犬耳疥藓是感染性强的螨虫引起的病。如果家中饲养多条狗狗，在一只狗狗耳朵里发现了这种螨虫的话，不一会儿就会传染给所有的狗狗。出生两三个月的狗狗最容易感染这种病，请主人频繁地检查幼犬的耳朵。

将腿抬到主人身上？
你呢，一定把它推开
——蔑视

不能让它觉得
自己地位更高

有时候主人坐在沙发上，狗狗也会跑到主人身边坐下。然后若无其事地把自己的前爪放到主人的手上或者腿上。

这仿佛就像心意相通的恋人之间的举动，所以很多主人并不觉得会怎么样，但这是一个不能轻易放过的动作，遇到这种情况请马上推它。

把前脚放到对方的身体上，代表着认为自己的地位在对方之上。也就是说，此时狗狗正在征求你的意见"我的地位更高对吧？"。如果这个时候不推开它的话，它就会认为主人同意了自己的想法。

在狗狗乐园里也经常能看见这样的景象，一只狗狗把前脚搭在其他狗狗的肩上或是背上，如果对方狗狗想着"别开玩笑了，明明是我地位更高"的话，就会推开搭在自己身上的狗狗。

对于自己的狗狗，主人也必须这么做。如果甩开之后狗狗还是不断重复搭上来的话，就请主人清楚明白地训斥它"不可以""住手"。

有些主人会觉得"这点小事原谅它一下也可以啊"，但这么想的只有主人而已。对于狗狗来说，它们的思维方式是以小见大。如果不纠正，之后所有的行为都可能引发问题。所以请主人狠下心来推开它吧。

除此之外，如果狗狗坐着的时候，一边看着主人的脸，一边把前脚搭在主人身上，这说明它在向主人诉求着什么。缺乏运动的时候就像在说"我想去散步"；想要吃饭的时候就像在说"给我吃的吧"。

这种情况的话，如果马上回应狗狗的要求就会让它养成不好的习惯，所以一定要让狗狗学会等待。或者对它下"伸手"的命令，等它回应指令后再回应它的诉求也是可以的。

好可爱啊

我地位更高对吧

把自己的前爪放到对方身上是在表达自己的地位更高，绝对不可以视而不见

小知识　主人在教育狗狗的时候，不仅可以用语言，同时可以加上一些肢体动作。比如说，说"不行"的时候，可以展开手心对着狗狗。这样的话，下次就算不用说"不行"，狗狗看到主人的手势就会知道主人现在生气了。

嗅手是调查，舔手表示服从

但是被抱着的时候又有其他的意思

　　去拜访朋友的时候，朋友家养的狗狗会跑上前来开始闻客人的手。不仅是手，还会闻脚和行李等，有的狗狗甚至还会去闻客人胯裆的味道。

　　因为很尴尬，我们也能理解客人想要推开狗狗，让它停止闻自己的想法，但请稍等一下。如果你想和狗狗保持良好的关系的话，请在它闻够之前按捺住推开它的想法。

　　就像狗狗四处转悠的时候这儿嗅嗅那儿嗅嗅一样，狗狗想要去闻第一次见面的人也是为了要调查对方的身份。只通过气味到底能了解多少只有狗狗自己知道，但是通过这样的调查，狗狗可以确认对方是敌是友，然后就知道应该如何应对对方。

　　因为是调查，如果中途受到阻碍，导致狗狗不能了解对方是什么样的人的话，狗狗就会一直保持警惕状态。在这样状态下，即便对方说了"好可爱啊"之类的话，狗狗也不会和对方亲近。如果对方不谨慎地伸出了手，只会被狗狗咬上一口。所以说，在狗狗满意之前就让它闻个够吧。

　　等狗狗闻完了，如果它舔舔你的手，就表示"我会服从你的，让我们好好相处吧"。因为你们已经有一个比较好的关系基础了，此时摸摸狗狗的头也不用担心会被咬上一口。

　　除此之外，有时被抱着的狗狗会舔舔人的手，这是在说"拜托了，放我下来吧""放我自己玩吧"。因为此时狗狗已经认同你的地位更高了，所以就算自己被强迫做不喜欢的事也不会咬人，它们就会通过舔舔你的手来传达自己的想法。

　　狗狗已经表明了自己在让步了，因此这种情况下被舔的话，还是快放它们下来吧。

对于爱犬人士来说，被狗狗舔手是一件很开心的事，但是请注意动物传染病。这种传染病是在人与动物之间流通，特别是被细菌螺旋病感染之后容易危及生命，请一定记得去接种疫苗。

不要招惹正在用餐的狗狗，它会以为你要抢食物呢

即便是平时很温顺的狗狗，在吃饭的时候如果受到了打扰，它也有可能会低吼着想要咬人。

有些主人会误以为这是问题行为，然后生气，"喂，我是你的主人啊，你现在这样是怎么回事"。但是细想想，我们人类吃饭的时候如果突然来电话了或是有人来了，心情也不会好到哪里去。狗狗也是一样的。

狗狗残留着野生时期的饥饿感，这种感觉比我们人类的更强烈，所以它们吃饭的时候经常会想"如果没有饭吃的话我会死的。不管怎么说我都要好好保护我眼前的饭"。因此，如果狗狗吃饭的时候受到妨碍，它们就会感到愤怒，并且会非常强烈地反抗。

除此之外，狗狗在吃饭的时候处于没有防备的状态，因此它们会非常紧张。这种时候如果身体被触摸到了，即便是主人，它们也会条件反射地去攻击。

另外，有一些胆子小的狗狗，如果在吃饭的时候受到打扰，会产生心理阴影，最后连饭都不吃了。

也就是说，不管是多么温顺的狗狗，吃饭的时候就安安静静让它好好吃饭吧。等它吃完饭就没事了，它又会主动靠近主人，这时候再与它玩耍也不迟。

话说回来，有些狗狗极度恐惧从人的手里得到食物。这是因为曾经在这种情况下被打过，之后就会在脑海里形成一个看见手就会觉得身上疼痛的印象，因此不管手里有多么好吃的食物，狗狗都会觉得太过恐怖而不敢去拿。

这种情况下，不要再用手去拍打狗狗了，从平常就开始去抚摸它。通过这样告诉它"手"没有那么可怕，反而会让它开心，直到狗狗接受了这个信息为止，除了耐心地反复之外别无他法。

停下!

如果狗狗吃饭的时候受到妨碍，它们会感到愤怒并且会非常强烈地反抗

请主人麻利收拾掉狗狗吃剩下的狗粮。有些主人会担心，为什么狗狗不吃完呢，于是就会给狗狗喂更贵的狗粮。这样的话狗狗会觉得"如果剩饭的话就能得到更好吃的食物"，然后慢慢地就养成不好好吃饭的坏毛病了。

狗狗不喜欢大房子

能让它安心的地方在哪里呢

在室内饲养狗狗的时候，会出现不知道什么时候狗狗把自己的家安在沙发上或者是玄关脚垫上的情况。有些主人会想，既然它喜欢待在那里就让它待在那里好了。但如果从狗狗的立场出发，还是请主人给狗狗一个四面封闭起来的家吧。

狗狗的祖先狼，直到现在还把自然生成的洞穴、岩石的缝隙当成自己的巢穴生存。它们喜欢这种四面被岩石包围昏暗的地方，狗狗也保留着这种习惯。

人们来来往往的玄关处、一整天都能听见电视声或者人声的客厅里的沙发，对狗狗来说都并不是一个令它们感到舒适的地方。它们只是不得已选择了这些地方而已。

然而，有些时候即使主人给狗狗买了漂亮的小屋，狗狗也不愿意住进去。有些主人会觉得"我为了你花了大价钱买的房子，你却不愿意住，为什么呀？"我们当然可以理解这种心情，但是这其实是因为主人在小屋的选择上出了问题。

越喜爱自家的狗狗，主人就越容易买豪华的狗屋给它，但是狗狗喜欢的是四方被包围起来，昏暗的洞穴、岩石的缝隙这类地方。豪华的狗屋对狗狗来说过于宽广，让它难以安下心来。

说到能让狗狗安下心来的空间大小，应该是当狗狗趴下时，前后脚不会露出屋子的深度，站起来时，能顺利转一圈以及能够自由转变方向的高度与宽度。主人可能会觉得，这是不是太小了，但这对狗狗来说刚刚好。

放狗屋的地点最好是安静的卧室。有些主人因为看不见爱犬会觉得很寂寞，就把狗屋安置在客厅，但是对狗狗来说，它们也需要一个安静的环境，所以请不要把狗屋放在客厅里。

主人觉得过于狭窄的大小对狗狗来说刚刚好

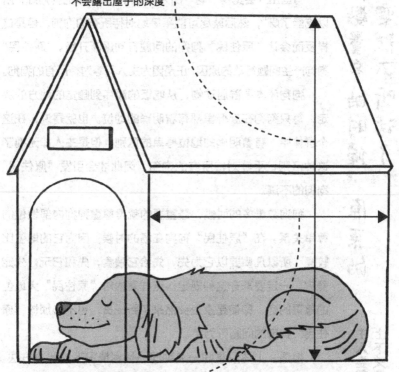

当狗狗趴下时，它的前后脚
不会露出屋子的深度

当狗狗站起来时，它能顺利
转一圈以及能够自由转变方向的高度与宽度

小知识

就算主人买回大小合适的狗屋，有些狗狗也不愿意住进去。其中一定有原因。比如说，主人有没有在狗狗待在小屋里的时候训斥它呢？这样的话，狗狗的脑海里会把狗屋与被骂画上等号，就不敢接近狗屋了。

狗狗数量多的时候，原来的狗狗突然不听话了

主人要尊重上下关系

养狗的时候经常会出现这样的情况，本来已经养了一只狗狗了，后来又增加了一个新成员。然后之前一直很听话的"原住民"狗狗突然变得不听主人的话了，甚至还会对主人表现出攻击性。

有些主人会觉得"啊，因为它觉得我对新来的狗狗好，所以吃醋了呀"，然后就尽可能平等地对待所有的狗狗，但是这样反而会让"原住民"狗狗的问题行动逐渐升级。"原住民"狗狗产生问题行动的原因，正是因为主人平等对待所有的狗狗。

狗狗原本是群居动物，从吃饭的顺序到睡觉的地方的决定，每只狗狗在族群里都有着明确的地位。也就是说，在这个群体中，有着明确的地位尊卑的区别。但是主人却无视了这种区别，平等对待所有的狗狗，因此才会引发"原住民"狗狗的不满。

狗狗数量多的时候，最重要的就是尊重狗狗内部地位的尊卑关系。在"原住民"狗狗在场的时候，因为它的地位比较高，所以凡事要以它为先，先给它喂食，先和它玩，先宠爱它，一定要严守这种规定。这样表达对"原住民"犬地位的尊重的话，即使是家里突然来了新成员，也不必烦恼"原住民"狗狗的问题行为了。

但是，上述只是同一犬种同一性别情况下的解决方法。如果"原住民"狗狗是雌性或者是小型犬，而新来的狗狗是雄性或者是大型犬的话，情况很有可能发生逆转。

这种情况下，主人不要横加干预，尊重狗狗自己决定的尊卑关系就好了。

除此之外，即使"原住民"狗狗是雌性或是小型犬，但由于气场过于强大，也有不会发生地位逆转的可能，请主人好好观察究竟是哪方地位更高。

即使是小型犬，有些吉娃娃、泰迪的气场过于强大，在新成员是大型犬的情况下，它们也依旧能确保自己的地位。相反，像大敖犬、爱尔兰犬这些体型大但性格温柔的犬被改写地位也不是什么稀奇事。

家里的狗狗们打架时不要插手

插手的话反而会给狗狗增加压力

　　一开始家里就养了几只狗狗，突然又多了一只新成员的情况下，狗狗们可能会开始打架。此时主人会想"不好！在它们受伤之前一定要阻止它们！"，然后开始把狗狗们分开带走，再去训斥挑头的狗狗或狗狗中的老大，但这样做的话只会让情况恶化。之后它们还是会发生各种摩擦，直到其中一只狗狗受到严重的伤害。

　　家里养了多只狗狗的情况下，打架是因为它们的尊卑关系不明朗。因为它们分不清到底谁的地位更高，所以想要通过打架的方式来弄清楚。

　　此时打架是为了明确彼此地位的高低，目的并不是想要让对方负伤。因此，直到一方承认"是我输了""你更厉害"，打架行为才可以告一段落。

　　然而，在某一方举白旗投降之前，如果主人插手，训斥了其中的一方，这样就会给狗狗增加压力，使狗狗打架的理由从"尊卑关系的确认"变为"为了泄愤而攻击对方"。为了不造成这种局面，请主人不要干预狗狗打架。

　　但是，与人类一样，有些狗狗打着打着就不知道下手轻重了。明明一方已经"呜呜"叫着夹着尾巴逃跑了，另一方还是不管不顾继续攻击，这种情况下就需要主人出面干预了，否则输掉的狗狗有可能会受到致命伤。

　　狗狗打完架决出谁是地位高者之后，请主人务必尊重这个结果。

有些主人会因为工作繁忙，没时间陪伴爱犬而选择多养一些狗狗让爱犬开心。但是，如果同时饲养多只狗狗，那么平摊给每一只狗狗的时间也会减少，狗狗们会觉得越来越寂寞，这点需要注意。

狗的视力很弱，有时也会对认识的人吼叫

但并不是因为它们记不住人的脸

去养了狗狗的朋友家玩，有些人每次都会被朋友家的狗狗吼。都来了这么多次了，总该记住自己的脸了吧，有些人会想，一定是因为狗狗的智商不高，所以才记不住人的脸。但这是大错特错的想法。狗狗不认得你，是因为它们的视力不好。

虽然用人类的标准来打比方很困难，但根据研究结果，狗狗的视力只有 0.3~0.5。如果想要拿到驾照，两眼的视力必须要达到 0.7，所以狗狗的视力真的很弱。

但是根据实验结果，边境牧羊犬却可以看到有人 1500 米以外挥手，这就让人有些摸不着头脑了。

如果把狗狗观察事物的方法用人类的标准去考虑的话，是非常特殊的。具体来说，观察人脸这种细节事物或是静止的东西的时候，如果靠得太近的话是什么都看不见的。但是观察活动的物体的时候，即使是隔着 1000 米，对它们来说也不在话下。

这是狗狗为了狩猎生活而衍生出的技能。为了发现猎物，狗狗必须要拥有从远处就能发现活物的能力，近处的话依靠嗅觉就可以了，所以狗狗才掌握了上述的观察事物的方法。

除此之外，犬种不同，视力也有很大的不同。比如说比格犬虽然是猎犬，但它们的视力较差。这是因为它们依赖嗅觉来狩猎。与此相对，灵缇犬据说能看见 2000 米开外的猎物。

好久不见呀

你是谁来着

静止的物体
如果凑得太近
会看不清

在那里

活动的物体
就算离得很远
也能看清

小知识

有些上了年纪的狗狗会因为白内障丧失视力。比如说一些深受
人们喜爱的卷毛狗、美国可卡犬，它们患白内障的概率很高。因为
原本狗狗的视力就很弱，有时狗狗失去了视力主人也很难察觉，这
一点需要注意。

饲养环境不好的话，狗狗会离家出走

它会想去最能让它安心的地方

爱犬行踪不明——这是主人连想都不愿意想的吧，但是我们经常能看到在超市、建材市场这些地方的公告牌上贴着寻找爱犬的启事，所以爱犬失踪并不是什么稀奇的事情。

有些人会自信满满地想"散步的时候好好抓好狗绳的话就没问题了"，但其实与散步相比，狗狗走失的时候更多是在家里。

这是因为在家的时候，狗狗一般是不受狗绳拘束的。因此，突然受到雷声惊吓时，或是在主人收快递时，狗狗会趁势夺门而出。

事实上，夺门而出的狗狗接下来的行为可以大致分为两种。第一种，狗狗会站在门前发呆，或者再"咻"的一下冲回家；另一种就是，狗狗趁机跑到其他地方去了。那么，这其中的差异究竟在哪里呢？

一般来说，站在门前发呆的狗狗，是受到主人教育以及受到主人宠爱的狗狗，它们明白还是待在家里最好。而跑到其他地方去的狗狗则是因为它们对饲养环境不满。

我们经常会看到有些新闻说"搬家之后狗狗就失踪了，但数月之后在以前住的地方的附近发现了狗狗"，这也是因为狗狗还没能够熟悉新家，所以才逃走了。

除此之外，如果狗狗觉得厕所不干净、不喜欢狗屋、散步玩耍的时间不够之类的，它们也会容易"离家出走"。为了不失去自己的爱犬，请主人们好好照顾自己的狗狗吧。

小知识   狗狗逃跑还有一个原因，就是母狗狗发情的时候闻到了费洛蒙的味道的时候。就像之前说过的，母狗狗闻到这种味道会变得兴奋，不能平复自己的心情，不能老老实实待着。因此为了防止这种现象的发生，请带狗狗去绝育。

让狗狗先于主人吃饭可能会导致狗狗不听话

狗狗讨要也不能给

狗狗一日所需的饭量大概在它体重的 2%~3%。也就是说，体重在 10 千克左右的中型犬一日所需的狗粮为 200~300 克。有些专家或是饲养说明书的理论是，一天喂食一次就够了，但是其实 200~300 克的干性饲料也不算少。与此同时，出于卫生情况的考虑，还是早晚各一次分开喂食比较好。

但是对于一些食欲旺盛的狗狗，有时会等不到晚餐时间就饿了。因为被狗狗缠得不行了，有些主人就会退一步，让狗狗先于自己吃饭，但是这样做是绝对不可以的。这是因为一旦如此，狗狗就会觉得自己比主人的地位更高。

原本狗狗是群居动物。它们狩猎的时候也是一起出动，捕获到的猎物会从最强大的那一只开始吃。因此，对狗狗来说吃饭的顺序也是一件很重要的事。

也许有些主人会想"虽然我先让狗狗吃饭了，但是只要在这之后好好教育它，不也没关系吗？"。这种想法大错特错。认定自己地位比主人高的狗狗，慢慢地会越来越不听主人的话，变得越来越任性。

如果主人硬要狗狗听自己的命令，狗狗就会觉得"为什么我非得听地位低的你说的话啊"，然后会产生逆反心理，甚至攻击主人。这种状态被称为领袖症候群。

为了不让狗狗患上领袖症候群，喂食的方法是很重要的。最重要的就是主人要在狗狗之前先吃饭。吃完之后才会去给狗狗喂食。喂食的时候，一点一点给狗狗饲料，通过这样的方法，告诉狗狗主人才是掌握给食权力的人。

第4章
狗狗的身心

狗狗的唾液兼具汗液的功能，天气越热唾液越多

这是狗狗调节体温的方式

　　对于养狗新手来说，让他们感到吃惊的情况之一就是狗狗流口水的问题。如果是因为眼前放着好吃的食物而流口水的话倒还可以理解，但是有些狗狗一天到晚流口水，把自己胸前的毛都弄得湿乎乎的。因为健康的成年人是不会一天到晚流着口水的，所以看到狗狗流口水的样子，很多人会本能地感到厌恶或者产生不快感。

　　但是狗狗与唾液之间存在着不可分割的关系。为什么这么说呢，因为唾液对于狗狗来说就像汗液对人类一样，起着重要的作用。

　　对于人类来说，气温上升的时候，我们可以通过皮肤的汗腺把汗液排出来调节体温。但对狗狗来说，除了爪子上的肉垫这些面积很小的部分存在汗腺之外，绝大部分的皮肤上不存在汗腺，所以为了降低体温只能大张着嘴，通过排出唾液来代替排汗降温的功能。

　　但是，也有不管多么热都不会流口水的犬种。这里我们粗略地进行一下分类，柴犬之类的日本犬不容易流口水，猎犬容易流口水，还有像斗牛犬这种身体比例上明显头更大的犬种也容易流口水。

　　这和狗狗嘴巴两端的肌肉构造有关系。柴犬嘴巴两端的肌肉没有那么松弛，所以它们嘴巴的密闭性比较好，不容易流出口水，而那些猎犬因为嘴两边的肌肉比较松弛，所以分泌的口水容易流出来。

　　因为狗狗分泌唾液是为了调节体温，所以有时候夏天开空调降低了室温之后，狗狗为了维持平衡也不会分泌出那么多的口水。但是造成狗狗流口水的根本原因还是嘴巴的构造问题，因此完全不让狗狗流口水是不可能的。如果主人无论如何都很在意口水问题的话，就用毛巾擦掉口水或者给狗狗带上围嘴吧。

当爱犬比平常流了更多的口水，口水起泡、散发出恶臭，甚至里面混着血的时候，请主人好好检查狗狗的口腔是否受伤或是发炎。如果没有发现伤口的话，狗狗很有可能是中毒了或者患上了犬瘟热，请一定要带它去看兽医。

狗狗所需的营养成分与人体大不相同

它们不需要摄入维生素C，但需要大量的蛋白质

以前人们经常把自己吃剩的饭菜当作狗食喂给狗狗，但对狗狗来说，人类的饭菜盐分严重超标，长期食用的话会有肾衰竭、动脉硬化、心脏病发作的可能。

比如说体重5千克左右的小型犬，一天摄入的盐分仅仅只需要1克。与此相对，人类需要摄入12~13克的盐分，两者相差很多。造成这种差异的原因是狗狗基本上不怎么出汗。

人类不可或缺的维生素C对狗狗来说也是没有必要摄入的。因为它们可以在体内自行合成维生素C。除此之外，人类当作主食的碳水化合物对它们来说也不是必需的。还有研究者认为，狗狗不擅长分解碳水化合物，所以它们没有必要摄入碳水化合物。

糖也是碳水化合物的一种，因此还是不要给狗狗吃甜食比较好。

与此相对，狗狗需要摄入大量的蛋白质。人类生存所需的氨基酸有8种（由于人类体内难以甚至不能合成这些成分素，所以必须要从食物中摄取），而狗狗则需要10种，所以狗狗必须摄取比人类还要多样的蛋白质。

除此之外，狗狗还需要摄取人类所需14倍的钙。特别是从出生直到6个月的狗狗，据说平均一天需要摄入8克的钙。而人类的钙摄入量一天是0.6克，上限是2.5克，从这里就可以看出钙对狗狗来说是必需的了。

综上所述，狗狗与人类对于食物的需求是不一样的，因此还是不要打着给狗狗改善伙食的旗号，给它们吃人类的剩饭。

狗狗必需的营养素

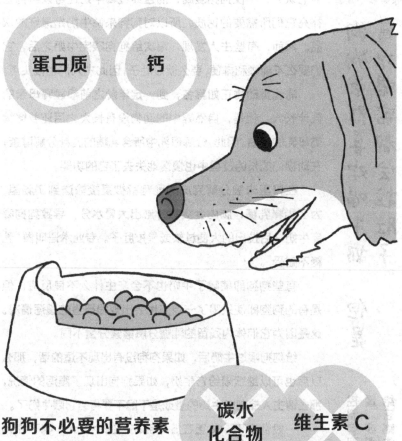

蛋白质　　钙

狗狗不必要的营养素　　碳水化合物　　维生素 C

 小知识

虽说狗狗不怎么流汗，但对它们来说水分也是必要的。为了让狗狗不管什么时候都能喝到新鲜的水，请主人时不时就去给它换换水盆里的水吧。健康的狗狗是不会过量喝水的。如果狗狗喝水的量突然激增，那么它有可能患上了糖尿病。

狗狗虽然喜欢喝牛奶，但是每次喝完都会拉肚子

控制狗狗喝牛奶的量，或者干脆不要给它喝牛奶

有些主人会把牛奶当成点心或是奖励喂给自己的爱犬，他们认为，不仅狗狗爱喝，而且通过喝牛奶还可以给狗狗补充它们所需要的钙质，所以对狗狗来说牛奶是最好的饮品。然而，有些主人发现，每次给狗狗喂完牛奶之后，它们要么不能顺利排便，要么就拉肚子，因此主人们也很头疼。

哺乳类动物正如其名，到一定年龄之前都靠喝母亲的乳汁长大。但是，自然界中的动物没有长大之后还要继续喝母乳的习惯。因此，分解母乳中所含乳糖的乳糖分解酵素，在动物们成长的过程中也慢慢地失去了它的功能。

在胃里未被分解完成的乳糖就被直接输送到了肠里，为了稀释乳糖，肠内会突然分泌出大量水分，导致狗狗喝完牛奶之后拉出的大便过软或是拉肚子。专业术语叫做"乳糖不耐受"。

有些狗狗即使喝了牛奶也不会产生什么不良反应，但是有的狗狗即使只喝了一点点也会出现很严重的腹泻情况。这是因为它们体内残留的乳糖分解酵素分量不同。

给狗狗喂过牛奶后，如果狗狗没有出现不适的话，那么以后也可以继续喂给它牛奶，如果狗狗出现了腹泻的情况，那么请主人控制喂牛奶的量或是干脆不要再给它喂牛奶了。

一般情况下，体重在 5 千克左右的小型犬，喝了 100 毫升以上的牛奶的话就有腹泻的可能。因此，100 毫升喝完之后，不管狗狗多么喜欢喝牛奶，不管它怎么哀求想要喝更多的牛奶，都请不要再喂给它了。

除此之外，给狗狗喂牛奶的时候，不要忘了计算卡路里。一般的牛奶 100 克的热量大约是 65 千卡，如果把牛奶当作零食喂给它，与之相应就要减少饲料的分量。如果不这么做的话，狗狗转眼之间就会开始发胖。

给狗狗喝牛奶的话，会发生软便的情况

乳糖不能在胃里被分解

肠子为了稀释乳糖会排出水分

肠

胃

腹泻

MILK

舔
舔
舔

乳糖

如果狗狗喝了牛奶之后产生了腹泻的情况，请控制它喝牛奶的量或者不要给它喂牛奶

小知识 狗狗的肥胖是指超出各自犬种平均体重 15% 的情况。除此之外，可以摸摸狗狗，如果不能感受到狗狗脊椎或肋骨的轮廓，那么也有肥胖的可能。一般来说相比雄性，雌性的狗狗更容易发胖，需要主人引起注意。

狗狗分不清味道

任何食物都吃得很香？——因为

比人类还迟钝的味觉

如果不好好管教狗狗的话，它们会把便便、垃圾等人类意想不到的东西吃下去。而且它们的样子也并不像是在品尝，只是嚼了几下就吞下肚去了。狗狗的味觉到底是怎么一回事呢？

感知味道的是舌头上叫味蕾的组织。我们人类的舌头上有 10000 个味蕾，但狗狗据说只有 2000 个味蕾。也就是说，狗狗只能品尝出人类能品尝的味道的 1/5。在狗狗的野生时期，它们经常吃不饱肚子，所以比起味道它们更重视是否能够饱腹，这种生活方式也一直留存到了今天。因此，大部分的食物狗狗都不拒绝，吃得很开心。

话虽如此，但狗狗也并不是没有味觉。人类可以品尝出酸甜苦辣咸鲜这 6 种味道，而狗狗据说除了鲜味以外，也是可以尝出其他的 5 种味道的。特别是甜味，狗狗特别喜欢吃甜点或是砂糖。这是因为，狗狗原本就是杂食动物，所以会吃野生的果子。相反，猫是彻头彻尾的肉食动物，所以它们感受不到甜味。

虽然狗狗的味觉没有人类灵敏，但有些狗狗还是会挑食。比如说只吃 A 品牌的狗粮却不吃 B 品牌的。这是因为，并不是 B 品牌的狗粮不合口味，而是吃完 B 品牌的狗粮之后，狗狗产生过呕吐的反应，或是身体感到不适。即使问题可能不在于狗粮，狗狗也会觉得"就是因为吃了那个狗粮啊"，从而拒绝吃 B 品牌的狗粮。

除此之外，如果从狗狗小时候就只喂它特定的狗粮或是生肉的话，它们就会形成习惯，变得不吃其他的食物，这点需要注意。

喜欢的肉类的排序

最喜欢

牛肉

猪肉

羊肉

鸡肉

马肉

最喜欢甜的了

原本杂食性的狗狗会去吃野果，因此它们特别喜欢甜的东西

小知识 根据美国的一项调查，狗狗最喜欢牛肉，接下来依次是猪肉、羊肉、鸡肉、马肉。虽说狗狗味觉不灵敏，但最喜欢的是其中较贵的牛肉这一点也是令人佩服的。这对主人来说，也许是一个令他们头疼的问题。

除了洋葱，还有哪些东西狗狗不能吃

注意巧克力和鸡骨头

狗狗吃了洋葱之后会引发中毒症状是广为人知的，除此之外，还有其他的食物也会对狗狗的性命构成威胁。

比如说有一种甜味剂叫木糖醇，狗狗吃了之后血糖会急剧下降，并且有丢掉性命的危险。根据研究，体重10千克的狗狗，只要摄入1克的木糖醇就必须要去接受治疗。所以请不要抱着开玩笑的态度喂给狗狗掺了木糖醇的口香糖。

巧克力对狗狗来说也是有害健康的。狗狗不能自行分解、代谢可可里所含的可可碱。摄入这种物质后，情节严重的话甚至会出现瘫痪的情况。即便不是当场发作，因为可可碱还是会累积在狗狗体内，因此千万不要给狗狗吃巧克力。

有些人可能会觉得意外，但骨头对狗狗来说也是有害的物质。特别危险的是加热之后的鸡骨头。嚼碎的骨头会生出锋利的断面，有可能会刺到口腔或消化器官，有时甚至会让狗狗丧命。即便不是鸡骨头，牛、猪的骨头加热之后也会变得锋利，容易划破身体组织。

有些人可能会想，既然熟的不行，那喂生的就好啦，但是生的骨头，特别是猪骨头，上面可能潜伏着许多寄生虫，这是需要注意的。

最后，让我们来纠正关于洋葱的误区吧。很多主人觉得"我知道狗狗不能吃洋葱，但是加热煮熟之后就没问题了吧。"这是大错特错的。洋葱中所含有的酵素，做饭时的温度是没有办法使它分解的。因此，如果把吃剩的含有洋葱的咖喱饭、汉堡肉喂给狗狗的话，狗狗可能出现贫血、呕吐、腹泻之类的状况。

对狗狗来说危险的食物

洋葱
洋葱中含有的酵素会导致狗狗贫血、呕吐、腹泻

木糖醇
摄入后会引起血糖急剧下降，威胁生命

不可以吃

巧克力
狗狗无法分解、代谢含有可可碱的可可

骨头
会刺伤口腔、消化器官，甚至有时会威胁到生命

小知识 　即便是不含有木糖醇的口香糖，对狗狗来说也是危险的食物。这是因为由于食道阻塞被送医的狗狗中，经过调查发现有一大半食道阻塞是因为吞食了口香糖。请注意不要让狗狗吃掉在路边的口香糖。

一些狗狗吃了会有危险
而你不知道的食物

生鸡蛋或生鱼
不要给它们吃

有些人会去吃虫子，吃完之后还不会中毒；有些人用蘑菇做菜，吃完之后却中毒了，我们以前也看到过这样的新闻。

与此相同，有许多人类的美食对狗狗来说却会损害它们的身体。下面就来介绍一下这些食物。

●生鸡蛋，蛋清中含有的一种叫抗生素蛋白的物质，会引起食欲不振、掉毛以及皮肤病等症状，加热之后，做成荷包蛋或是水煮蛋的话就没有问题了。

●生鱼，如果认为既然猫能吃生鱼那么狗狗肯定也没有问题的话就大错特错了。生鱼的内脏里含有破坏维生素B1的酵素。如果狗狗吃了的话，渐渐会变得不精神，同时也有患上脚气病的可能。煮熟的话就没有问题了。

●肝脏，时不时地喂给狗狗是没有问题的，但如果过于频繁的话会引起维生素 A 中毒，然后出现掉毛、关节疼痛的现象。

●可乐或咖啡这些含有咖啡因的食物，由于有甜味，狗狗会大口大口地喝下这些饮料，但是咖啡因会让狗狗腹泻、呕吐、痉挛，最坏的情况甚至会让狗狗丧命。因为实际生活中发生过这样的例子，所以恳请主人们一定要注意。

●葡萄、葡萄干，致敏物质还不明确，但是有狗狗吃完后发生呕吐、肾衰竭的先例。

●夏威夷果，致敏物质也不明确，但是有狗狗吃完之后发生中毒症状的先例。

●牛油果，会对狗狗的胃肠造成伤害，由此引起的呕吐、腹泻可能会使狗狗丧命。

●大蒜，会引起中毒，在狗狗没有精神的时候请不要想着给它吃大蒜以此来让它打起精神，含有大蒜的意大利面也不可以。

不可以给狗狗吃的危险食物

生鸡蛋

煮熟的
可以

◎引起食欲不振、掉毛、皮肤病

生鱼

煮熟的
可以

◎变得没精神，引发脚气病

肝脏

◎引起掉毛、关节疼

咖啡因

可乐、咖啡
之类的

◎引起腹泻、呕吐、痉挛

葡萄

葡萄干
也不可以

◎引起呕吐、肾衰竭

夏威夷果

◎引起中毒

牛油果

◎引起呕吐、腹泻，视情况甚至威胁生命

大蒜

◎引起中毒

小知识

夏天食物容易腐坏，很多主人把狗狗吃剩的食物放进冰箱保存，但是把刚从冰箱里拿出来的食物直接给狗狗吃的话对肠胃不好，所以拿出来之后用微波炉加热过后再给狗狗吃吧。

如何决定狗粮的量

根据运动量、体重来判断

第一次养狗的人应该会有这样的困惑，那就是该给狗狗喂多少狗粮。

任由狗狗想吃多少就吃多少的话，养成这一习惯之后就会发生不得了的事。如果某天量给少了，狗狗就会索要更多的狗粮，一整天都会不停地叫。

狗狗也和人类一样，根据年龄、性别的不同，食物的标准摄入量也是不同的。除此之外，根据运动量、犬种的不同，摄入标准也是不同的。狗狗一天该摄入的热量标准如下所示。

体重 5 千克左右，350 千卡

体重 10 千克左右，600 千卡

然后以此类推，体重每增加 5 千克，摄入的热量值增加 200 千卡。也就是说，体重 20 千克左右的狗狗一日应摄入 1000 千卡的热量，30 千克左右的狗狗则是 1400 千卡。

但是上述数值是在狗狗运动量一般的情况下。也就是说，能保证一天三次的散步量再加上有 30 分钟至一个小时与主人玩耍时间情况下的标准。

如果散步量小，没有和主人玩耍的时间的话，请把狗粮的量减少到上述数值的 85%。（狗狗的体重在 10 千克左右的话，应摄取的热量为 600 千卡 x 0.85=510 千卡）

反之，边境牧羊犬这种运动量大的狗狗，即使把狗粮的量增加到标准数值的 150% 也是没有问题的。

但是上述数值只是大体推测而已，最好是每天都去给狗狗称重，如果狗狗体重减轻了的话就增加狗粮的量，如果狗狗有发胖的迹象就狠下心来减少狗粮的量。

除此之外，训练狗狗时喂给它们的零食，也不要忘记计算热量哦。

一日所需热量的标准

狗狗的体重	所需热量
5 千克左右 	350 千卡
10 千克左右 	600 千卡
20 千克左右 	1000 千卡
30 千克左右 	1400 千卡

 从前有一天给狗狗喂一次食就好了的说法，但喂食次数少的话会对肠胃造成负担，因此把一天的量分成两次喂给狗狗是一般的做法。

狗狗七八岁之后随着运动量的减少，可以把喂食的次数分为三次。

狗狗对猫粮情有独钟，
但是千万别喂

否则它们会渐
渐不吃狗粮

从我们的视角来看，猫粮和狗粮好像是一样的。在猫粮打折的时候，有些主人会想，反正是一样的，不如给狗狗吃猫粮吧，但是猫粮和狗粮是不同的。因为猫和狗吃的东西是完全不一样的。

狗狗是杂食性动物，也会吃除了肉之外的水果、谷物、蔬菜，并且都能消化掉。而猫是彻头彻尾的肉食动物，它们只需要从肉、鱼中摄取动物性蛋白。

相比于狗粮，猫粮里含有大量的脂肪与蛋白质，所以相对来说同样重量下的猫粮热量也比狗粮高，如果狗狗一直吃猫粮的话，会因营养过剩而一下子就胖起来。

还有另一个问题就是味道。狗狗舌头上感知味道的味蕾只有人类的 1/5——2000 个左右。也就是说，相对于人类来说，狗狗味觉并不灵敏。

但是猫的味蕾更少，大概只有 500~1000 个左右。而且，猫只能感受到咸味、酸味和苦味。对肉食者猫来说，它们不需要甜味，因此它们感受甜味的味蕾也退化了。

为了让味觉不灵敏的猫能好好吃饭，猫粮里含有大量的肉汁和鱼的提取物。其中还有每一粒表面都仔细地涂上了这些提取物的猫粮。也就是说，猫粮的调味比较重，对狗狗来说可以算是佳肴了。

如果给狗狗吃猫粮的话，因为它们会觉得猫粮比平常吃的狗粮更好吃，慢慢地就不再去吃味道更淡、热量更低的狗粮了。

猫粮里含有大量的脂肪与蛋白质，所以相对来说同样重量下的猫粮热量也比狗粮高，如果狗狗一直吃猫粮的话，会因营养过剩，一下子就胖起来

小知识　虽然给狗狗吃猫粮并不会导致很严重的健康问题，但是给猫吃狗粮的话会导致猫视力低下，甚至失明。这是因为一种叫作牛磺酸的氨基酸对猫的视网膜来说是不可或缺的物质，但是无法从狗粮里充分摄取。

指甲剪得过深给狗狗带来的痛楚堪比断尾

在室内饲养狗狗的人应该都知道，狗狗走路的时候会发出"咔哧、咔哧"的声音。这是因为狗狗不像猫一样能收起自己的指甲，所以指甲与地板接触的时候会发出这样的声响。

狗狗的指甲还是长得挺长的。因为野生时期的狗狗在狩猎的时候靠用带指甲的爪子扒住地面来满山遍野地跑，所以尽可能快速地伸出爪子对它们来说是很有必要的。

但是现代的狗狗的运动量明显减少了。因此如果指甲长得过长，会戳到爪子上的肉，或是让脚打滑，使狗狗受伤。所以，请主人每隔两三周检查一下狗狗的爪子，防止它们的指甲过长。

然而，有些狗狗一看见指甲刀就会发出悲鸣，然后跑到不知名的地方躲起来。这是因为，主人之前没给狗狗剪好指甲，给它留下了不好的回忆，所以狗狗才会有这样的反应。

仔细观察狗狗的指甲，根部的地方是红色的。这个地方叫血线，连接着血管与神经。因此，如果指甲剪得太深，会造成出血，同时狗狗还会感受到剧烈的疼痛。

虽然我们很难了解别人的疼痛，但是据说狗狗被剪到血线时的痛苦会如同被切掉尾巴一样。如果感受到了这样的痛苦，那么狗狗会讨厌指甲剪也是理所当然的了。

但是放弃剪指甲也是不可能的。主人可以一边对狗狗说"没事哦""我不会弄疼你的哦"，然后集中注意力，小心地、一点点地给狗狗剪指甲。结束之后，给狗狗喂一点小零食，让它知道剪完指甲会有好事发生，这也是一个很有效的方法。

为了让狗狗忘记剪指甲的恐惧，主人除了像这样每次都慎重地操作之外别无他法。

轻一点哦

每隔两三周就检查一次狗狗的指甲吧。一边安慰狗狗，一边慎重一些，不要剪到狗狗的血线

小知识　根据品种的不同，有些狗狗的指甲是黑色的。这种时候，因为分不清楚狗狗的血线在哪，因此要更加小心地剪。如果狗狗的指甲流出透明的组织液，再剪下去的话，出血并引起狗狗剧痛的可能性就很大。

狗狗口臭需要检查是否患牙周病，尤其是小型犬

牙周病可能会造成致命伤

被爱犬舔脸颊的时候，有的时候主人会闻到说不上来的令人讨厌的气味。有些敏感的主人会反应过来，爱犬可能患上牙周病了。

根据某项调查显示，狗狗长到 5 岁之后得牙周病的概率会大幅上升，如果平常不注意的话，10 岁以上的狗狗基本上都会得牙周病。

话说回来，牙周病和蛀牙又是不一样的两种病。令人羡慕的是，狗狗基本上不会有蛀牙的困扰，它们容易遇上的是牙龈出血和口腔炎。

有趣的是，根据狗狗体型的大小，牙周病恶化的速度也不一样。一般来说，比起大型犬，小型犬牙周病恶化的速度更快。

原因在于，不管大型犬还是小型它们牙齿的数量都是一样的 42 颗。和大型犬相比，小型犬由于下巴的骨骼体积较小，因此牙齿长得比较密集，容易积攒食物残渣。支撑牙齿的骨头与大型犬相比也比较薄，只要患上牙周炎骨头就会开始被腐蚀，因此病情很容易恶化。

牙齿对狗狗的作用比对人类的作用更重要。如果狗狗因为牙周炎恶化而拔掉牙齿的话，它们会一下子变得没有精神，从牙垢、伤口处排出的脓会引发肾炎或是骨髓炎。

为了让爱犬能够活得长久一些，不仅要注意它们的饮食，还要在牙齿上面下功夫。具体来说就是要养成给狗狗刷牙的习惯。

以前有专家认为，因为狗狗不会蛀牙所以没有给它们刷牙的必要，但是现在狗狗们的寿命也越来越长了，因此情况就发生了变化。尽可能每天，至少每三天给狗狗刷一次牙。成年狗狗突然被刷牙的话会反抗，所以从小的时候就要让它们养成刷牙的习惯。

至少三天刷一次牙吧

唰 唰 唰

小型犬由于下巴的骨骼体积较小，因此牙齿长得比较密集，容易积攒食物残渣

牙垢是引发牙周炎的元凶，会在吃饭之后迅速地开始增殖。给爱犬刷牙的时间最好是在饭后30分钟左右。

狗狗没有悲伤的情感，那么为何会流泪呢

注意观察眼泪的颜色和眼屎

有些主人看到狗狗流眼泪的时候，会觉得这是因为狗狗伤心了。但是，很遗憾的是，狗狗是没有悲伤的感情的。

我们人类眼睛里进异物的时候可以用指头或手搓一搓擦一擦，但是狗狗的前脚并不能像人类这么灵活地活动，因此，它们会选择一时放松泪腺，分泌出大量的眼泪来冲洗掉异物。

从前的红眼女郎是魅力的代名词。眼睛生病的女人因为泪水分泌得较多，眼睛一直是湿润润的，因此惹人怜爱，对于狗狗来说也是这样的。

看着眼睛湿润润的狗狗，有些主人会产生怜爱的心理，不知不觉就想要拥狗狗入怀中，但其实此时狗狗的健康状态已经亮起了黄灯。如果不做处理的话，眼皮和眼睑会发炎、起湿疹，被泪水浸泡过的眼鼻部分的毛会变成茶色，也就是说会有泪痕，这样的话狗狗原本好看的脸也会变得脏兮兮的，太可惜了。

狗狗如果出现大量分泌眼泪的情况，很有可能是得了角膜炎、结膜炎或是鼻泪管堵塞。鼻泪管堵塞是指与鼻子连接的泪小管发炎堵塞了，眼泪就自然而然地从眼睛里流出来了。

像巴哥犬、吉娃娃、斗牛犬这些脸部没有什么起伏的狗狗，泪小管的走向比较复杂曲折，因此也很容易造成鼻泪管堵塞。

这些犬类的眼睛比较突出，为了保护眼睛，眼泪分泌量也会大一些，因此它们比其他的狗狗更容易患上大量流泪的病，饲养这些犬类的主人们一定要更加注意才行。

如果狗狗眼泪变得浑浊，或是眼屎发黄，且像脓液一样黏糊糊的话，那就说明此时狗狗的健康状态已经亮红灯了。它们可能患上了危及生命的传染性肝炎、犬瘟热，此时一定要尽早带狗狗去诊断。

虽然可以用专用的洗剂擦去泪痕，但是并不能从根本上解决问题。很在意爱犬泪痕的主人可以试着给爱犬更换狗粮，一个月过后，可能泪痕就消失了。

表扬狗狗时它毫无反应？——因为狗狗不明白你的意思

重要的是要笑着表扬它

教育狗狗时最重要的是如何正确地表扬以及批评它。大家可能都觉得这种事情不值一提，但现状是，能够正确做到这样的主人少之又少。

比如说，有时不管怎么夸狗狗，狗狗都不会表现出开心的样子，看到主人想要伸手摸自己的头的时候甚至开始发抖。也许主人会想，狗狗又在闹什么别扭啊，但殊不知，让狗狗变成这样的，就是主人自己。因为主人表扬狗狗的方法不对，所以狗狗分不清楚此时的主人到底是在表扬它还是在冲它生气。

表扬狗狗的时候最重要的就是要带着笑容。因为狗狗很在意主人的表情，如果主人嘴里虽然说着"啊呀真棒"，但却摆出一副不耐烦的表情，狗狗就会觉得"啊呀，是不是我哪里做错了啊"。所以，为了不让狗狗产生这样的误解，当它很好地完成了主人指示的时候，请一定要对它展现主人的笑容。

当然，此时的语言也是非常重要的。这种时候，需要主人注意的是，最好用同样的语言来表扬狗狗。如果昨天说的是"真棒"，今天说的是"很好"的话，狗狗就会变得迷惑。特别是家里人很多的情况下，大家最好商量一下，决定用同一种语言来夸它。用语言夸它的同时也摸摸它吧。

摸狗狗的时候，一般使用手掌从头开始向尾巴的方向摸。如果摸到狗狗不喜欢别人碰的腹部或耳朵的地方的话，对于狗狗来说就不是表扬了，这一点需要注意。

终极法宝就是小零食，这对所有的动物来说都是最棒的奖赏。但是，要在夸奖、抚摸之后再给狗狗零食。如果先给了狗狗零食之后再去抚摸它的话，有些狗狗会想"好烦啊，不要碰我"。为了避免这种情况，请一定要遵循这个顺序。

真棒

笑着表扬狗狗

用同一种
语言表扬

边摸边表扬

不要这样

如果摸到狗狗不喜欢别人碰的腹部
或耳朵的地方的话,这对狗狗来说
就不是表扬了

 小知识 去购物中心的时候,各种各样的小零食让人目不转睛,但是考虑到爱犬的健康问题,请主人尽可能选择低热量的零食,比如宠物用的蔬菜条就很好(也可以选择自己煮的蔬菜)。

试图用武力驯服只会遭到更强烈的反抗

用"不行""嘿"这样简短的话语

比表扬更难的是训斥狗狗的方法。如果训斥不得当，狗狗会产生反抗的情绪，问题行为就会愈演愈烈，有时甚至还会攻击主人。但是出现这样的结果，主人也要负一部分责任。到底能不能让狗狗听话，要看主人训斥的方法。

首先主人们要明白的是，狗狗是不能理解人类的语言的。即使狗狗突然听到主人说"不可以"，但是因为它们不知道"不可以"是什么意思，所以这个时候它们也不懂自己到底是被表扬了还是被训斥了。即使是这样，我们还是会抱怨"我们家的狗狗真是一点都不知道反省"。

与表扬狗狗的时候一样，训斥它的时候也要用特定的语言。比起"不可以这样""停下来"这些文字较多的语句，用"不行""嘿"这样简短有力的语言来代替的话，狗狗能够更快地记住这个指令。

比如说，语言上我们用"不行"来制止它。当狗狗做了不该做的事的时候，马上对它进行训斥"不行！"，与此同时再做一些狗狗不喜欢的事。

虽然是要做狗狗不喜欢的事，但施加暴力是绝对不可以的。可以发出很大的声音，或是用水枪打湿狗狗。

但是做这些事的人，必须是和发出语音指令不同的人，做狗狗不喜欢的事的人一定不能暴露自己的行踪。要让狗狗以为听到"不行"的时候，还会发生不好的事情（自己会受到惩罚）。这样的教育持续一段时间之后，狗狗只要听到"不行"，它就会自己乖乖停下来了。

如果想知道狗狗是否明白受到主人训斥是因为自己的行为，看它的姿势就行了。如果主人说完"不可以"之后，狗狗逃避开视线、停止行动或趴下、打哈欠的话，这就说明狗狗听懂了主人的指示。

有些主人在狗狗做了错事之后，用不带它们去散步或是禁食的方法来惩罚狗狗。但是狗狗并不能理解为什么主人不带自己去散步，不给自己吃饭。这样的惩罚方法并不是教育而是虐待，所以不要这么做了。

没有尾巴就无法判断狗狗的心情了，断尾需谨慎哦

掌握不好平衡、容易生病的情况也时有发生

断尾是指把特定犬种的尾巴切断，使外观更加突出的手术。据说一开始是为了斗狗的时候不让狗狗们互咬尾巴才这么做的。一般来说，在狗狗出生一周后会实施这个手术，听说这个时候的狗狗就算断尾了痛感也不会那么强烈。但事实上，断尾还是会给狗狗带去强烈的痛感。

"从爱护动物的观点出发，断尾是不应该进行的"，这一观点逐渐成为主流，欧洲方面已经以"虐待动物"的名义禁止断尾了。

断尾还会带来另一个问题，那就是让判断狗狗心情变得更加困难。如同在第 1 章介绍的那样，狗狗的尾巴是表达心情的重要部位，如果切去尾巴，它们就失去了和同伴、主人交流的工具。

比如说，一旦给狗狗断尾，在前面介绍过的狗狗卷尾巴的动作就没办法再做了。因此，断尾之后的狗狗遇上比自己强大的狗狗的时候，它们无法传递"我没有想和你对着干"的想法，反而很容易被对方误解为想要寻衅打架，受到对方的攻击。

除此之外，尾巴还有保持身体平衡、盖住鼻子，隔绝冷空气的作用。因此，给长尾巴的狗狗断尾之后，它们的平衡能力会变差，导致它们经常摔倒；吸入冷空气之后对呼吸器官造成损伤的概率也会变高。

顺便一提，和断尾差不多的还有断耳手术。这是为了让下垂的耳朵能精神地挺立的手术。在欧洲，断耳手术也被认为是虐待动物的行为，因此很多人呼吁要禁止断耳手术。

狗狗断尾是为了能保持体型均衡，因此切断的长度根据品种的不同也是不一样的。比如说小猎犬要切掉尾巴的 1/3，而德国拳师犬、杜宾则从根部切除尾巴的比较多。

染上异食症

抢狗狗嘴里的食物会使狗狗

要注意有咬东西习惯的狗狗

之前我们已经说过，就算狗狗吃自己的便便，也不是什么奇怪的事，它们并不会因此生病。但是有些狗狗看到眼前的东西就会张嘴去吃，比如说，袜子、橡皮球、昆虫、植物根茎以及药品等。

像这样，吃下并非食物的东西的行为，我们称之为异食症。在这其中，狗狗也许会吃下对它有害的东西，所以主人一旦发现狗狗吃下去奇怪的东西，第一时间一定要想办法让它吐出来。

有一些饲养书上面会写，狗狗吃进异物时，可以给它灌一些牛奶，但是如果狗狗吃下去的是杀虫剂，喝牛奶反而会导致有害物质的加速吸收。因此，如果在不知道狗狗吃下去的东西到底是什么的情况下，还是带狗狗去看兽医比较好。有时候狗狗吃下像袜子、橡皮球之类难以自行取出的东西的时候，就必须要带它去做"开膛"手术了，这样的话有可能会对狗狗的生命造成威胁，所以还是从平常开始就多注意一些比较好。

患上异食症的狗狗，某种意义上是有一定的预兆的。首先，它们很喜欢咬东西。虽然幼犬大都看到什么都想上去咬，但是我们发现，有异食症倾向的狗狗这种情况更加严重。

除此之外，我们还发现，有异食症倾向的狗狗咬住东西之后就不愿意轻易松口。如果自家狗狗经常嘴里叼着东西转来转去的话，主人就要引起注意了。

但是，如果主人强行想要夺走狗狗嘴里的东西的话，狗狗就会想"我的东西要被抢走了，不如直接吞下去吧！"，这件事也许就会成为狗狗患上异食症的契机。

据说异食症是会遗传的。如果自家狗狗的兄弟姐妹中有患异食症倾向的狗狗的话，主人就要多加小心了，千万不要夺走它们嘴里的东西。除此之外，压力也是导致异食症的一个重要原因，因此主人饲养这样的狗狗时，一定要比饲养正常的狗狗还要用心。

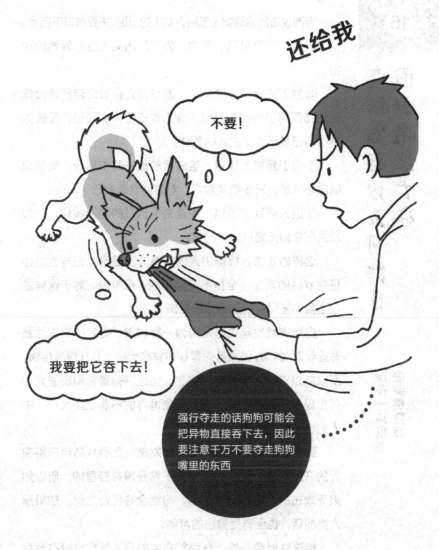

　原本一直很正常的狗狗突然有了异食症倾向的时候，它可能是患上寄生虫病了。绦虫、蛔虫等寄生在狗狗的身上会引起消化障碍，因此狗狗才会把异物衔在嘴里。

突然发起攻击可能是因为罹患大病

没有一点征兆地突然狂怒

狗狗攻击其他动物（包括人类）的原因，主要有以下四点。

①为了守卫自己的领地，为了赶出闯入自己领地的动物。

②为了炫耀自己的地位，发生在狗狗被比自己地位低的动物限制了行动的时候。狗狗攻击主人的时候，是因为觉得自己被当成了主人的奴仆。

③想引起对方注意，这时候的攻击并不猛烈，狗狗此时的想法是，只要咬了对方，对方就会理自己了。

④因为感到了恐惧，也就是俗话说的狗急跳墙，一般发生在它们无路可退的时候。

这样的攻击，根据主人的教育方法是可以控制的，但是突发性的攻击完全是不可预测的。现阶段，对于这样的攻击我们还没有找到有效的对策。

狗狗突然发起攻击是因为一种叫做"史宾格突发性激怒症候群"的病。因为最先是在史宾格犬身上发现这种疾病，所以就以它作为疾病的名字了。但是其他猎犬和泰迪犬也有出现过相同的病状，因此即便饲养的不是上述犬种，主人们也不能掉以轻心。

狗狗会没有任何征兆地开始发怒，然后从离自己距离近的开始攻击。这个时候狗狗下嘴是没有轻重的，所以如果受攻击的对象是狗狗的话，可能会有性命之忧，如果是人类的话，也会有受重伤的可能。

但这种时候，处于狂躁状态中的狗狗是完全没有自我意识的。发作之后它们会发一小会儿呆，然后就又恢复到了平常的状态。

有人怀疑这种行为是脑部疾病引起的。如果爱犬有这样的症状发生，请主人尽早带它去看兽医。

狗狗攻击的理由

为了守卫
自己的领地

为了炫耀
自己的地位

想引起
对方注意

因为感到了
恐惧

史宾格突发性激怒症候群

小知识

史宾格犬是具有代表性的猎鸟犬。其中比较出名的是速度快、持久力强，善于发现猎物后迅速起身捕捉的英国史宾格犬和忍耐力强、耐寒耐暑的威尔士史宾格犬。

战战兢兢的狗狗可能有人类恐惧症

重要的是要给狗狗自信

　　有些从收养机构领养出来的狗狗不管过了多久，它们还是会处在一种战战兢兢的状态。虽然也有它们天生胆小的可能性，但是这些狗狗与主人分开之后走失，被救助时被捕获的"恐怖"经历也可能成为它这种性格形成的原因。

　　这样的状况放在人类身上的话被称为"恐惧症"。一般来说都有特定的对象去触发人们的恐惧心理，比如说，有些人看到熊或者狗之后就会吓得连一步都挪动不了，此时感受到的恐惧已经对正常生活造成阻碍了。而那些战战兢兢的狗狗，也对人类抱有恐惧心理。

　　如果想要克服恐惧症，就需要去渐渐熟悉那个看到之后会产生恐惧的对象。也就是说，害怕人类的狗狗必须要去一点点习惯人类。

　　最重要的就是，千万不要做狗狗讨厌的事情。

　　比如说，不要一边盯着狗狗的眼睛一边靠近它，不可以把它压在身下，不要拽它的耳朵或尾巴，不要摸它的肚子等。在狗狗面前扬起手或拿起东西是绝对不可以的。因为狗狗看到这样的姿势，会觉得你下一步就要打它。

　　靠近狗狗的时候，为了不让它产生警惕心，可以采取绕着弯靠近的方法。从狗狗背后接近它是最好的方法，但是这时候要小心不要踩到它的脚。抱着恐惧心的狗狗很有可能会冲你发起攻击，拼个鱼死网破，所以一定要注意。

　　等到狗狗可以让主人近身之后，就可以教它如何去听从指示了。

　　此时，最重要的是，就算狗狗没有很好地完成指令，主人也千万不要骂它。一边表扬它一边教它的话，狗狗就会变得更有自信。

不可以对有恐惧症的狗狗做的事

不可以把它
压在身下

不要一边盯着
狗狗的眼睛
一边靠近它

嘻嘻嘻

不要摸它的
肚子

不要拽它的
耳朵或尾巴

小知识

教育狗狗的时候最忌讳和其他的狗狗作比较。有些主人会觉得
反正狗狗也听不懂人话，然后就嘟囔着"为什么别人的狗狗都可以
做到，但是我的狗狗却做不到呢"，狗狗会察觉到主人烦躁的心情，
然后就开始变得缩手缩脚。

没有"小狗翻译官"也能通过叫声了解狗狗的心情

狗狗想要主人明白自己的心情

你是否听说过"搞笑诺贝尔奖"呢？这是给予能够让人发笑，笑完之后还能去思考的研究的奖。

2002年获得这个奖项的是"小狗翻译官"。这是一种能够分析狗狗的叫声，然后告诉人们狗狗究竟在说什么的交流工具。

有些人会觉得，真的有这种东西吗？事实上，作为日本音响研究所所长而被人们所熟知的铃木松美也参与了这项研究，他本人也得出了"狗的声音甚至包含了比人类更多的感情"的结论。

但是，即便没有"小狗翻译官"，在一定程度上，我们还是能通过叫声了解狗狗到底想要表达什么。

比如说，就像我们之前所介绍过的，高声清楚地叫一声"汪"表示狗狗现在很开心。经常见到的邻居养的狗狗如果冲你这样叫了的话，说明它是在和你打招呼，所以冲它摆摆手回个礼吧。

"嗷呜嗷呜"的低叫声是因为它受到了挫折。此时的狗狗仿佛在想"我怎么这么烦躁啊"。

这种烦躁的情绪再强烈一些的话就会变成"咕噜噜咕噜噜"的低吼声。此时它仿佛在说"不要靠近我，否则我会攻击你！"，这个时候千万不要接近它。

如果狗狗发出"嗡""嗯"之类的声音的话，表示它有什么诉求，比如说它在央求主人带它去散步。

如果声音是仿佛从鼻子发出来的"吭吭"的话，就表示狗狗现在感到了寂寞。听到了这样的叫声的话，请主人抱抱它吧。

小知识

有句话说，如果叹气的话幸福会溜走。狗狗的叹气确实不是什么好兆头。要说为什么的话，这是因为狗狗可能感染上了丝虫。丝虫是以蚊虫或牛虻为媒介潜入狗狗体内的寄生虫，发病的话很可能会对狗狗的性命构成威胁。

让狗狗适应乘车

和狗狗驾车旅行需要提前

注意车摇晃以及狗狗想要上厕所的时候

最近允许狗狗入住的宾馆酒店渐渐多了起来。对于以前外出时只能把狗狗寄养在宠物店的爱狗人士们来说是一件很好的事。也有很多人正在考虑用车载着狗狗带它一起去旅行。

但是对狗狗来说，待在汽车里是它们想都没有想过的事。在车内的狗狗能听到自家车与其他汽车擦肩而过的噪音，如果没有任何过渡，直接把狗狗带到这种环境的话，一般来说狗狗都会感到害怕。

要让狗狗喜欢上坐车，最重要的还是让它能够适应坐车这件事。首先载它在家里附近转转吧。如果擦肩而过的车的体积、流量过大的话，狗狗会感到恐惧，因此兜风的时间还是选在车流量不那么大的深夜或清晨比较好。之后可以渐渐增加兜风的时间或尝试去一些离家比较远的地方。

即使是与主人分离开也不会感受到不安的狗狗，如果把它们独自留在还没有习惯的车厢内，它们也会感受到强烈的不安，所以一开始训练狗狗的时候，从出发一直到回家，主人都一直和狗狗在一起比较好。如果在这期间狗狗的表现很好，请主人记得表扬表扬它。

人类在乘车的时候，如果遇到右转弯，为了不让自己的身体过度左倾，会无意识地开始发力控制自己的身体，但是狗狗是做不到的。即使是一个小弯，也很容易让狗狗失去平衡。所以如果车里还载着狗狗的话，驾驶员一定要比平常还要注意控制车速。

即使狗狗能适应长时间的车程了，有一些事情主人还是不能掉以轻心的。为了避免在乘车途中上厕所的情况，在出发前一个小时就可以停止给狗狗喂水喂食了。如果平常在车里很乖的狗狗，突然开始坐立不安地闻这闻那的话，说明它想要上厕所了。这种时候最好赶紧找个安全的地方停下车，带狗狗去上个厕所。

等到狗狗已经对乘车这件事变得熟悉了之后，可以试着在短时间内让狗狗独自待在车里等主人回来。但是请一定注意，夏天的时候车内温度在短短几分钟之内就能极速升高，切记不要在夏天或高温天气时将狗狗留在车内，导致狗狗中暑甚至死亡

对汽车熟悉之后狗狗会想要把头从窗户伸出去。但是，狗狗并不能判断车速，有时我们会看见把头伸出车窗的狗狗一个不小心就从车窗跳了出来。为了避免发生这样的事故，载着狗狗的时候，千万不要打开车窗。

狗狗喜欢咬鞋子磨牙

一定要把客人的鞋子放进鞋柜

有时，家里的客人回家的时候，走到玄关一看，鞋子怎么就只剩一只了？！"犯人"不必多说，一定就是家里的爱犬了。即使一家人都出动去找鞋子，关于鞋子被藏在哪了也完全没有头绪，最后只能请客人穿着拖鞋回去……

虽然这很令人头疼，但是狗狗很喜欢这种恶作剧。那么狗狗为什么会把鞋子藏起来呢？

原因大概就在于鞋子的质地。因为鞋子是由皮革以及橡胶制作而成的，硬硬的鞋子对于狗狗来说很适合磨牙。

这么说来，制作给狗狗的玩具，大多数原材料也是橡胶。虽然鞋面的皮革和鞋底的橡胶比玩具结实多了，但是也并不妨碍狗狗们去咬。特别是淘气的幼犬们因为好奇心重，不管什么都想要扑上去咬一口，能用犬牙一口咬穿的鞋子是它们的最爱。

最喜欢、最重要的东西要慎重地藏起来，然后慢慢享受，这是狗狗的本能。从我们的视角来看，这种行为就是恶作剧，但对狗狗来说，这只是出于本能的行为，它们并不是故意的。

即便是受到严格教育，不对家人的鞋子下手的狗狗，突然闻到平时没有闻过的客人鞋子的味道时，就完全不能抵挡客人鞋子的诱惑了。即使一开始狗狗抱着战战兢兢的心理去接近客人的鞋子，但当它们啊呜咬上一口之后就会开始兴奋起来，叼起鞋子就把它们藏到谁都找不到的地方去了。

即使被主人询问到底藏到哪里去了，因为狗狗并不明白主人的意思，所以让狗狗带着你去找被藏起来的鞋子也是不可能的。

如果客人来家里的话，请主人千万要把他们的鞋子放在鞋柜里收好。

好东西
好东西

啊呜

狗狗喜欢咬鞋子，它们
只是遵循本能把对它们
有吸引力的鞋子藏起来
而已，并不是故意的

有些人看见穿着鞋子的狗狗会不由自主地皱起眉想"太过了吧"，
但是出乎意料的是，狗狗的肉垫是很容易受伤的。在德国的杜塞尔
多夫，为了让宝贵的警犬不要受伤，他们会让狗狗穿上鞋子再进行
搜查工作。

及时采取降温措施

狗狗怕热，有中暑迹象应

夏季的遛狗
是个考验

　　狗狗非常怕热。我们时常会有动物的身体比人类结实多了的想法，但是唯独在夏天的时候，这个说法会显得不合时宜。只有有汗腺的脚掌的肉垫部分能散热的狗狗，无法很好地发散体内堆积的热气。因此它们比人类更容易中暑，有时还会因此内脏受损。所以，对主人来说，夏季狗狗的健康管理是非常重要的事情。

　　爱犬是否中暑可以通过它散步时候的样子来大致判断一下。狗狗散步的速度跟平常相比有所减慢，或是散步的途中多次停在原地，这些可以看作是狗狗中暑的前兆。如果在室内饲养的狗狗有中暑的征兆，会表现为不想出门散步。

　　这种情况下，请主人给狗狗大量补充水分，在早晚比较凉快的时候带它们出去散步。如果狗狗还是不肯出门散步的话，就先中断一段时间吧。

　　如果过了数日之后狗狗还是不肯去散步，并且睡觉的时间变长，剩了一半以上的狗粮的话，那狗狗就是患了夏日倦怠症，这个时候就快带它去看兽医吧。

　　如果狗狗还是食欲不振，甚至连口都不愿意张开的话，那就是重度的倦怠症了。即便主人叫了狗狗的名字也没有反应，并且出现了腹泻和呕吐的话，还是要尽快带它去看兽医。

　　除此之外，夏季的散步对狗狗来说是一个考验。夏天被阳光直射过的路面温度超过 50 摄氏度，并且由于地面的热辐射，只要一靠近路面，狗狗的体温就会迅速上升。因为路面的温度实在过高，所以即便狗狗伸出舌头喘着粗气想要降温也不能奏效。特别是小型犬，它们不易感知干渴，经常出现虽然体内水分已经严重不足，但因狗狗自身并没有察觉到，所以造成了身体损伤的情况。因此，虽然每天都要散步，但还是随机应变，不要强迫狗狗去散步。

中暑

散步的速度变慢、途中多次停下

夏季倦怠症

不想去散步、睡觉的时间变长、留下大半狗粮

重度倦怠症

即使叫名字也没反应，有呕吐、腹泻的症状

小知识

狗狗的平均体温大约是 38 摄氏度。因为动物的体温如果达到 42 摄氏度以上，身体组织会产生变异导致死亡，所以对狗狗来说，体温只需上升 4 摄氏度就会对生命产生威胁。狗狗生活最适宜的温度在 24 摄氏度左右，湿度在 50% 左右。

狗狗真的喜欢穿衣服吗

体温低或手术
后是有必要的

有许多人喜欢给狗狗穿衣服。不仅如此，更让人吃惊的是，还有专门卖狗狗服装的店铺。

有些人会说"给狗狗穿衣服难道不是在虐待狗狗吗？"，而有些狗主人会说"我们家的狗狗穿上衣服可高兴了，这怎么能是虐待呢？"那么真相究竟如何？

即使给狗狗穿上色彩鲜艳的衣服，它们也并不能分辨那究竟是什么颜色。除此之外，它们也并不知道身上衣服的设计究竟是好是坏。那么，为什么狗狗穿上衣服之后会那么开心呢？

狗狗会觉得"穿上衣服之后，主人就会夸我了呢""不仅如此，我还能得到主人的关注呢"。因此，狗狗感到开心并不是因为穿上衣服本身这件事。

话虽如此，给狗狗穿衣服也还是有一些好处的。比如说吉娃娃这种小型犬或是上了年龄的狗狗，它们比较怕冷，冬季带它们去散步的时候如果给它们穿上衣服，就可以避免不必要的热量消耗。即使是大型犬或年轻的狗狗们，在雨天散步的时候也可以给它们穿上雨衣，不仅可以避免体温下降，还可以减少回家后主人给狗狗擦毛的工作量。

除此之外，狗狗很容易过敏，因此为了让狗狗的身上不要沾到花粉之类的过敏源，也有主人选择让它们穿上衣服来避免过敏；也有在手术后或者包扎伤口后给狗狗穿上衣服，避免它们去舔伤口的做法。

只是，夏季狗狗该不该穿衣服是个值得商讨的问题。狗狗不会出汗，本来就已经很难散热了，还要再穿衣服的话，就更容易中暑了。

哇！好可爱啊

嘿嘿

因为穿上衣服之后能得到更多的关注，所以狗狗会变得开心

小知识　　一般来说，比起大型犬，人们认为小型犬更怕冷。这是因为体积越小的动物越需要体内不断地发热来保持体温。在寒冷地区居住的恒温动物白熊、驯鹿的体积大就是这个道理。

虽然有种游泳姿势叫"狗刨"，但并非所有的狗狗都会游泳

我们一般将仰着头用四肢划水的游泳法称为"狗刨"，这是因为这种泳姿和狗狗很像，所以才有了这个名字。

但是，并不是所有的狗狗都会游泳。有些狗狗不喜欢水，也有狗狗因为不会游泳而溺水的案例，因此突然把狗狗丢到河里或是海里让它们去游泳是很危险的。原本狗狗应该是很擅长游泳的，但是，从小到大除了洗澡之外没怎么碰过水的室内犬，忘记了本该擅长的游泳技能，也不是什么稀罕的事情。更有甚者，如果狗狗因为洗澡而留下了什么心理阴影的话，它们就会对水产生恐惧。

如果想要让爱犬喜欢上游泳的话，可以在它一个月大的时候就开始把它放进有水的澡盆里，让它渐渐地适应水。狗狗就像小孩子一样，在澡盆中放入玩具让狗狗去玩也是很有帮助的。

即使狗狗变得不怕水了，马上带它们去河里、海里游泳也还是很危险的。尤其是海里，即便是会游泳的狗狗也会对海水的咸腥味、波浪的汹涌感到吃惊，从而溺水。像这样对河海有心理阴影的狗狗，会变得不再想游泳，因此一开始的时候是很关键的。如果是去海边，一开始在岸边让狗狗充分地玩耍过后，可以试着慢慢让它入水。但是如果狗狗不喜欢的话，千万不要强迫它。越是强迫，狗狗对水的恐惧就会越深。

除此之外，即便是狗刨游得很好、很喜欢玩水的狗狗，也会在游泳的过程中喝下不少的水。所以玩完水之后稍作休息再带狗狗离开吧。不然的话，狗狗有可能会呕吐、腹泻，弄脏车厢或是家里。

如果想让爱犬喜欢上游泳的话，可以在它一个月大的时候开始让它接触水，从而使它习惯玩水

开心吗

好开心

小知识 如果你的附近有人养拉布拉多的话，可以去观察一下它们的爪子，应该可以看到它们的脚蹼。这是因为拉布拉多是人类为了回收在河里或者水池里落下的水鸟而培育出来的犬种。

小型犬寿命更长——犬柴寿命

与体型成反比

容易患癌 过了10岁

在日本，20 岁以上就是成年人了，但是狗狗成年只需要短短的一年。可以说，狗狗的一年相当于人类的 20 年。

"也就是说，5 岁的狗狗相当于人类已经到了 100 岁吗？"，发出这样的疑问是可以理解的。但事实上，狗狗年龄的计算方法和人类的计算方法还是有很大区别的。

狗狗一岁（相当于人类 20 岁）后就是成年了，之后每长一岁，都相当于人类的 5 岁。也就是说，5 岁的狗狗换算成人类的年龄的话，是 20+（5-1）x 5=40 岁，相当于人类的中年。

话说回来，对主人来说，狗狗的寿命应该是他们最关心的事情了。我们普遍认为，狗狗的寿命与它们的体积成反比。比如，玩具贵宾犬、腊肠犬这些小型犬的寿命是 15 年左右，柴犬这类中型犬是 13 年左右，然后猎犬一类的大型犬的寿命则是 10 年左右。

但是，由于近年来狗粮的改良、室内饲养率的上升、医疗技术的进步，活到 20 岁左右的狗狗也不少见。

与此同时，由于狗狗寿命的增长，导致患上至今为止并未被发现的疾病的狗狗也增多了。

比如说癌症，过了 10 岁的狗狗由于身体的免疫力开始下降，患上癌症的概率就会陡然增高；过了 15 岁之后，也有患上类似于人类的老年痴呆症的狗狗。

除此之外，由于许多狗狗上了年纪之后腿脚和腰的力量变差，渐渐无法散步，所以还是早点训练它们，改掉不去外面就不上厕所的习惯比较好。

一般情况下狗狗的寿命

犬 种		寿 命
小型犬 玩具贵宾犬 腊肠犬等		约 **15** 岁
中型犬 柴犬等		约 **13** 岁
大型犬 猎犬等		约 **10** 岁

据说平均寿命最长的狗狗是西帕基犬。作为小型牧羊犬，西帕基犬的工作是在船里捕捉老鼠。它们的脸长得像狐狸，特点是警戒心强、忠诚度高。顺便一提，它们的平均寿命在 20 岁左右。

狗狗的老态从7岁开始逐渐显现

我们认为一般情况下，狗狗从 7 岁开始显现老态，换算成人类的年龄大概是 50 岁左右。

老态显现的征兆就是狗狗体重的增加。明明从以前到现在给的狗粮的量都是一样的，但狗狗却开始一点点地长出了赘肉。这是因为年纪变大的狗狗肌肉量和运动量减少了，所以它们的基础代谢也随之降低。

但是如果突然减少了狗粮的量，狗狗在散步的时候就会东找西找，吃下去不该吃的东西，因此主人可以把狗粮换成老年犬专用的，这样即便喂食的量还是相同的，热量却大大降低了。

有些狗狗过了 10 岁之后，会变得讨厌被他人抚摸。这是狗狗关节炎发作的证据。其中一些狗狗，被抚摸的时候关节就会感受到剧烈的痛感，所以这些狗狗看到有人冲它们伸出手的话就会想要咬过去。有些主人会惊讶于一直以来都很听话的狗狗为什么会突然变得如此有攻击性，原因就在于此。主人要做的并不是冷冰冰地想"既然你这么对我的话，那我也这么对你"，而是不要再去抚摸它，换一种方式来表达自己的爱意吧。

在这个时期，也许主人叫了狗狗的名字，它们也不会给出反应。靠近它们的话，还会仿佛被吓到一般吼叫起来。这是因为它们的听力衰退了，不能灵敏地捕捉到主人的脚步声，所以误认为主人是突然出现的，被吓到之后就发出了吼叫。

过了 15 岁的狗狗，发呆的时间会变得越来越长、不能顺利地上厕所、冲着什么都没有的地方吼叫等，这些症状说明狗狗有患上老年痴呆症的可能性。

在室内饲养的，特别是经常被独自留下看家的狗狗被认为更容易患上老年痴呆症，因此，随着狗狗年龄的增长，主人也应该增加陪伴它们的时间。

狗狗的老去

随着狗狗年龄的增长，请主人也增加陪伴它们的时间吧

15 岁～

- 发呆
- 失禁
- 冲着什么都没有的方向吼叫

7 岁～

- 开始长赘肉

10 岁～

- 讨厌被人抚摸
- 即便被叫名字也没有反应

小知识

为了预防老年痴呆症，适当的运动是必需的。因为年龄大的狗狗走路的速度变慢了，散步的时间会变得更长。请主人不要急躁，配合狗狗的速度来散步吧。除此之外，最长寿的狗狗据说是澳大利亚的 29 岁 5 个月的牧羊犬布鲁伊。

狂犬病是极其危险的传染病

狂犬病发病后
是没有对策的

世界上常有狂犬病爆发的事件发生，印度、菲律宾都发生过。

很多饲养狗狗的人，在国外旅行的时候，看见狗狗就想上去摸，但是，考虑到狂犬病，建议还是要多加小心。

人类如果被携带狂犬病毒的狗狗咬了之后，会经过以下的几个阶段。

潜伏期 潜伏期大概为 4~6 周。长好的伤口突然开始发疼，身体也渐渐得有麻痹的感觉。由于不安，人会在忧郁的心情中度过这段时间。

兴奋期 人会没有理由地感觉烦躁，对声音以及味道都异常敏感。与此同时，喉咙还会像被什么东西堵住了一样，呼吸和吃饭都变得困难了起来。虽然感觉到很渴，但是只要是想到水，喝水用的肌肉就会开始剧烈的抽搐。过去狂犬病被称为恐水症就是这个原因。在这个过程中，也有发生精神错乱的病例。

昏睡期 兴奋期持续了 3~5 天之后，会发生剧烈的痉挛或是脑神经和全身的肌肉麻痹，引发心力衰竭、窒息从而导致死亡。

虽然疫苗对狂犬病有预防效果，但是请记住，狂犬病发病之后是没有对策的，这是一种发病后死亡率几乎为 100% 的极其恐怖的传染病。

第 5 章
公狗和母狗
的行为学

公狗和母狗哪个更好养

养狗的时候，主人最重视的除了品种，还有性别。一般来说，人们认为公狗比较淘气，而母狗比较稳重，因此很多想要养一条适合室内饲养的小型犬的主人会选择母狗。

但是，母狗一年会有两次发情期，这个时候的狗狗情绪比较不稳定，即便是平常很听话的狗狗，也会因为心情烦躁而对主人低吼，甚至会去咬主人。不过，发情期一般只会持续3周。

虽然只要主人忍耐过它们的发情期，狗狗就又会变回原来那个乖乖的样子，但是如果家里还有小朋友在的话，请主人一定要记得狗狗的发情期是什么时候，并提前做好准备，以防发生什么不测。

和母狗比起来，公狗确实比较活泼，但是由于个体的不同，每条狗狗的性格也有很大的差异，并不是所有的狗狗都很调皮。我们在一定程度上是可以在狗狗小的时候看出它们的性格的，只要选择性格乖巧的狗狗，即使是公狗，也应该不会对日后的饲养造成很大的困扰。

室内饲养的时候，有些主人不喜欢公狗翘起一只脚，尿得到处都是，但其实是可以通过训练让公狗学会蹲下尿尿的。因此，这并不是什么大问题。

不过，公狗的地盘意识很强，它们很喜欢做标记，这一点也许会给某些主人带去一定的困扰。

除此之外，如果主人有让狗狗繁衍后代的想法的话，只养一只公狗是比较难实现这件事的（如果有朋友养的是同一品种的异性狗狗的话就另当别论了）。如果是家里只养了一只母狗的话，可以委托狗狗饲养员来配种繁衍，这也是一个不错的选择。

公狗的特征

◎淘气、比较活泼
◎单脚尿尿
◎爱做标记

发情时期的母狗
情绪会变得不稳定哦

母狗的特征

◎乖巧
◎蹲着尿尿
◎一年发两次情

小知识 比起母狗，公狗确实普遍比较淘气且具有攻击性，但是这只是在面对人类或是同类公狗的时候。当公狗与母狗接触的时候，就会像人类男性一样被异性所吸引，就算被粗暴地对待一般也不会生气，不管怎样都会采用一种亲切的态度。

第 5 章　公狗和母狗的行为学

公狗闻到发情期母狗的气味会性情大变

遛狗的时候需要注意

母狗发情的时候，会释放出特有的气味，这种气味会使公狗变得兴奋。这种时候即便是平常再听话的公狗也会去和别的公狗打架，然后追着发情期的母狗跑，甚至为了母狗会去跳过数米高的栅栏。有些公狗这个时候脑子里会变得只剩下繁衍一事，甚至因此丧失了食欲。

不管怎么说，因为这个时期的公狗很可能会为了发情的母狗而做出令人意想不到的事，所以如果主人知道家里或者附近谁家的母狗最近快迎来或正处于发情期的话，遛狗的时候一定要注意。

但是对公狗来说，和处于发情期的母狗交配是一件理所应当的事。如果硬是要限制狗狗行动的话，它们会感受到很大的压力，然后开始拔自己身上的毛，或是开始反抗主人的命令。

为了避免这种情况的发生，家中饲养母狗的主人们，只要狗狗一开始发情，就请不要再带它们去狗狗公园、兽医院这些会有许多狗狗聚集的地方了。

母狗开始发情后，有时也会像公狗那样去做标记。这是通过把充满性费洛蒙的尿液传播出去告诉其他的公狗自己正在发情的一种行为。

除此之外，有些平常很乖巧、不太爱出门散步的狗狗到了发情期的时候，皮毛会变得有光泽、生殖器开始充血、心情不能平静下来，想要出门。这个时候也有狗狗什么都不吃，不过过了发情期之后，它们会好好吃饭的，所以主人不必过度担心。

这个时候如果主人因为心疼狗狗不吃饭而喂的都是狗狗喜欢的东西的话，狗狗会变得不吃平常的狗粮，这点是需要注意的。另外，有些母狗在发情期会分泌奶水，千万不要去摸，如果狗狗溢奶了的话，只要擦掉就可以了。

临近的表现

生殖器见血是发情期

大型犬发情期间隔时间长

母狗一般在出生 6~10 个月之后会进入第一次发情期。有些主人觉得明明爱犬还是一只小狗，怎么突然就出血了呢，因此感到震惊。这是每只母狗都会经历的阶段，所以不必担心。不过，大型犬第一次发情会相对晚一些，有些大型犬一岁多了才第一次经历发情期。

母狗经历第一次发情期以后，基本上会以一年两次的频率重复这个过程，在此之中，大型犬发情间隔的时间比较长，有些大型犬甚至一年只会发一次情。

通常，母狗发情会持续 3 周左右的时间，其中还分为发情前期以及发情期。

处在发情前期的母狗，由于流向子宫的血液量突然增多，导致生殖器肿胀，于是会出现发情出血的症状。发情出血会持续 10 天左右，由于个体差异，每只狗狗的出血量是不同的，其中还有些狗狗会自己把血迹舔掉，所以我们没办法判断它们的出血量。但是，如果家中饲养的是出血量较大的室内犬，主人可以给它们穿上特殊的裤子，防止血弄脏家里的地毯或是家具。

除此之外，处在发情前期的母狗是不会接纳公狗的，如果此时有公狗接近的话，母狗很可能会冲上去咬它。

出血的停止代表母狗正式进入发情期了。此时狗狗开始排卵，这个过程大概会持续 10 天。它们会把平时垂在正中间的尾巴翘到左右，向公狗展示自己充血的生殖器。由于进入发情期的狗狗抵抗力会下降，因此要比平常更加注意狗狗的卫生。

有时会出现明明没有交配，母狗的乳房却丰满起来、肚子也变大了的情况，这叫做"假性怀孕"。如果狗狗没有怀孕的话，3 个月之后这些症状就会消失。

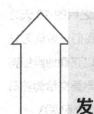

狗狗的发情（3个星期）

发情前期

处在发情前期的母狗是不会接纳公狗的，如果此时有公狗接近的话，母狗很可能会冲上去咬它

别过来

发情期

母狗会把平时垂在正中间的尾巴翘到左右，向公狗展示自己充血的生殖器

小知识

如果带处于发情前期的母狗去沙土比较多的地方散步的话，它们的下身容易染上脏东西，之后会有感染膀胱炎之类疾病的可能。如果狗狗下身脏了的话，不能放任不管，一定要用温水给狗狗清洗，但是要注意的是，给处在这个时期的狗狗洗澡时，千万不要用沐浴乳。

有交配行为不代表能成功结合

不要惊动这个状态的狗狗

　　狗狗们会在母狗的出血情况结束之后的 10 天之内进行交配。虽然有 10 天时间，但我们一般认为妊娠成功率比较高的只有 5 天时间，所以正确地辨别狗狗什么时候开始发情是很重要的。如果要交给饲养员去配种的话，一般会在这个期间让狗狗交配两次。

　　家里养了一对狗狗的，或是让爱犬和朋友的狗狗交配的，主人们利用狗狗第一次的发情期让它们交配的成功率是比较低的，况且这种交配没有血统证书的保障，所以还是应该避免。母狗从两岁开始到八岁都可以生小狗，所以瞄准这个期间让狗狗们交配吧。

　　关于交配的方法，一般采用让公狗和母狗进入同一个房间，之后就完全交给它们自己的"自然交配法"。但是，有时会出现因为狗狗脾气不和或是由于狗狗身体的原因而无法顺利交配的情况。虽然这纯属正常，但如果主人无论如何都很想要这两只狗狗孕育后代的话，还可以采取从这只公狗身上采集精液然后对母狗进行人工授精的方法。

　　自然交配的情况下，公狗会采取一个爬跨的姿势趴在母狗身上进行交配。之后狗狗们会保持屁股贴着屁股的姿势一段时间。公狗的射精结束之后，如果没有保持这样的姿势的话，那么受精的成功率是比较低的，所以主人一定要好好确认。

　　狗狗们会保持这样的姿势持续 10~30 分钟，请主人不要惊扰它们，在一旁默默守护就好了。如果母狗受到惊吓开始走动的话，公狗也会因此受到牵连。

自然交配

公狗骑在母狗
身上交配

交配结合
公狗和母狗会贴
着屁股保持
10~30分钟

小知识 　有些母狗会因为发情引发假性怀孕的症状。假性怀孕会对子宫造成负担。据说如果这样的情况多次出现的话，狗狗会容易得子宫蓄脓症。这种情况下还是放弃让狗狗交配，带它去做绝育手术比较好。

狗狗怀孕期为9周，受精卵着床前不可以掉以轻心

抱狗狗起来的时候不要碰它的肚子

即使狗狗们交配的过程很顺利，也不一定能成功怀上狗宝宝。特别是受精卵在子宫上着床前的3个星期，狗狗的身体并不会表现出怀孕的征兆，喜欢的食物或是食欲也并不会有显著改变，因此主人们很容易放松警惕。

但是，由于还未着床的受精卵处于一个不安定的状态，所以不要和狗狗做一些动作幅度大的游戏，带着狗狗去散散步就好了。除此之外，这个时期就不要给狗狗洗澡了。

当受精卵在子宫着床之后，狗狗就进入了怀孕中期。主人们可以让兽医来判断狗狗是否怀孕，也可以从狗狗的食欲以及体重的变化得到一个大概的判断。首先，受精卵在子宫着床之后，狗狗的食欲会变差，这和人类的孕吐差不多。

如果狗狗怀孕的话，它们的体重就会开始增加。因此，如果狗狗交配成功，一定要每天检测狗狗的体重。因为此时狗狗已经进入比较安定的状态，所以可以选择在这个时候洗澡。但是，这个阶段的受精卵也有可能会被子宫吸收，导致妊娠中止，所以还不能完全放心。如果主人感觉到了狗狗的异样，可以带狗狗去做B超、看兽医。

交配过后的第七周，狗狗就进入了怀孕后期。由于腹中的胎儿成长的速度比较快，狗狗的肚子会慢慢地大起来。因此，注意不要让狗狗的肚子磕在台阶之类的地方。除此之外，抱起狗狗的时候要注意不要碰到狗狗的肚子。

为了给胎儿提供足够的营养，狗狗的食欲会变得旺盛，但同时由于怀孕，狗狗的胃受到挤压，每次吃饭的量反而会比较少，所以请主人把狗狗吃剩下的饭放在那里就好。同样的，由于怀孕，狗狗的膀胱也会受到挤压，因此与平时相比它们上厕所的次数会增加，所以请主人要比平时更注意厕所的卫生。

怀孕超过 10 天之后，可以通过 B 超看到胎儿的样子。因为通过 B 超可以很清楚地看到胎儿的画像，所以兽医可以确定狗狗的预产期。除此之外，这个时候 B 超的辐射量是不会对狗妈妈和狗宝宝产生不良影响的。

临盆前用纸箱子做个小产室吧

进入怀孕末期之后，狗狗的食欲会变得旺盛，但是到了交配后第九周时，狗狗的食欲会突然变差。如果狗狗开始有软便的迹象，就表明它快要生产了，主人就可以开始做迎接狗宝宝的准备了。

首先需要的是产房。纸箱子就可以，做出一个四面封闭的空间。前后左右大概是狗狗身长的两倍。为了不让刚出生的狗狗有掉出去的危险，高度大概设置在 15~20 厘米就可以了。在产房里，可以放入撕成一小块一小块的、吸水性好的报纸。

产房应放置在安静的地方。可以放在卧室里，等到临近预产期，可以让狗狗提前熟悉一下产房的环境。

因为刚生下来的狗宝宝身上会沾有羊水，因此可以多准备一些干净的毛巾来擦。除此之外，一般来说狗妈妈会咬断狗宝宝身上的脐带，但是如果狗妈妈没有闲暇去处理的话，主人可以去帮忙，因此要准备消了毒的剪刀，还有止血用的棉线以及一次性手套。

家里养了多只狗狗的话，怀孕的狗狗需要单独饲养。从开始阵痛到第一只狗狗的出生大概需要 30~60 分钟，请主人们不要着急。

生下狗宝宝之后，狗妈妈会弄破包着狗宝宝的那层膜、咬断狗宝宝身上的脐带。如果不赶紧破膜的话，狗宝宝会有窒息的危险，因此出生之后要迅速弄破那层膜，然后用毛巾擦干净狗宝宝的脸。

从第二只狗宝宝开始，大概就以一只 10~30 分钟的速度出生，但是产位不正的狗宝宝可能会被卡在产道里。这个时候请主人用干净的毛巾将狗宝宝小心地从产道拿出来。如果花了 10 分钟还拿不出来，请迅速寻求兽医的帮助。

产房的制作方法

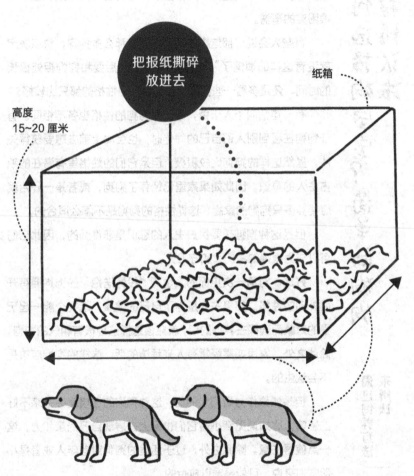

把报纸撕碎放进去

纸箱

高度
15~20 厘米

长度是狗狗身长的两倍左右

性格辨认法

如何选择狗宝宝？简单的狗狗

通过饲养方法来辨认

如果问狗主人是在哪里找到爱犬的，相信很多人都会说是在宠物商店或是狗狗饲养员那里。那么选择狗狗的时候，主人们应该也费了不少心思吧，毕竟每只狗狗都那么可爱。要从这么多可爱的狗狗里选择一只带回家，这对爱犬人士来说应该是很困难的事情。

有些人会说"那这样的话就不要看那么多狗狗，快点决定就没有这样的烦恼了"。但是，考虑到之后要和狗狗相处很长的时间，还是多看一些狗狗，找到合自己性格的那只比较好。

有一句话叫十人十色，每一只狗狗的性格也各不相同。有些狗狗在看到别人逗自己的同伴时，也会凑上前去想要获得关注。虽然这样的狗狗比较积极，但是它们的性格里有潜在的独占主人的意识。因此如果家里已经养了狗狗，或者是一开始就想要养多只狗狗的家庭，这样性格的狗狗是不怎么适合的。

但是这种狗狗想要保护主人的意识是非常强的，因此它们可以成为很棒的看门犬和守卫犬。

好动、对第一次见面的人也能"投怀送抱"的狗狗拥有开朗外向的性格。如果主人是为了自己的健康，想找个能一起玩耍的对象而选择去养狗的话，就应该选择这种很有朝气的狗狗。除此之外，家里如果经常有人来拜访的话，这样的狗狗应该是不会认生的。

但是如果作为看门犬的话，这种狗狗的性格就会带来不好的影响，比如说见到小偷它们也会上去展现自己的亲和力，这一点值得注意。除此之外，过于活泼的狗狗对老年人或者是小朋友们来说，可能是难以应付的。

有些狗狗会远远地看着人们和同类玩耍，这样的狗狗性格比较谨慎稳重。它们也比较聪明，养起来会比较省心。如果是养狗新手的话，选择这样的狗狗一般来说会少操一些心。

在宠物店选狗狗的方法

很聪明、好养
在远处看着你和其他狗狗玩耍

独占欲很强
看着你和其他狗狗玩
会按捺不住跑过来

活泼外向的
即便是第一次见面也
会向你"投怀送抱"

小知识

根据犬种的不同，狗狗们的性格也是不一样的。比如说，猎犬类或是贵宾犬比较开朗，喜欢和人玩耍。柴犬、英国小猎犬、牧羊犬类的狗狗警惕心比较强，可以成为优秀的看门犬。体重超过90千克的圣伯纳犬性格意外的温顺。

新生的狗宝宝必须接受社会化学习

不加以适当的管教的话会滋生问题

不仅是狗狗，我们看到其他刚出生的动物宝宝都会不自觉地露出微笑。这是因为，包括人类在内的所有哺乳类动物，脑内已经植入了"小宝宝很可爱"这一指令。

但是，不管小宝宝有多么可爱，都不可以骄纵。尤其是对还没能够走稳的小狗狗们施加教育的时候，需要特别注意。

俗话说"江山易改本性难移"，据说狗狗的性格也是在出生后 2~12 周之间定型。这个时期叫做"社会化期"，如果不加以正确管教，之后就会出现许多问题行为。

社会化期可以细分为 3 个时期。第一个时期在出生后 2~4 周。此时的狗狗学会使用自己的眼睛和耳朵，渐渐地也学会了走路。这个时候尽可能地让狗狗和其他狗宝宝一起玩耍。通过这样的相处，它能够明白自己是一条狗。

第二个时期是出生后的 4~7 周，这个时期让狗狗和同伴玩耍也是很重要的。好奇心渐渐旺盛起来的狗狗通过和同类玩耍、互咬学会了同类沟通的方法。在成年的狗狗里面也有一些不懂得如何去和同类沟通的狗狗，这就是因为在这个时期，它们没有或是缺乏和同类玩耍的机会。

第三个时期是出生后 7~12 周。如果想要同时养猫或是其他动物的话，在 12 周以前尽量让它们多接触。如果过了社会化期，狗狗就不容易接受新的事物，包括接纳其他的动物们，这点是需要注意的。

除此之外，如果想要让狗狗不要那么怕生，在这个时期可以让狗狗多接触人类。

社会化期的教育

第一期
出生后 2~4 周

让它和同类玩
首先让它知道自己是一条狗

第二期
出生后 4~7 周

让它和同龄的狗狗玩
通过和其他狗狗的玩耍、互咬
学会狗狗之间的交流方法

第三期
出生后 7~12 周

让它和其他动物接触
过了这个时期狗狗就会变得
难以接受新事物

小知识

虽然在社会化期让狗狗和同类接触是很重要的，但是在接种疫苗和那么多狗狗接触的话是很危险的。即便接种了疫苗，幼犬的免疫力也没有成犬强。所以还是和熟人、朋友的那些明确知道它们接种经历的狗狗接触比较好。

狗狗也有叛逆期，放任不管的话它以为自己是老大呢

下达"坐下"指令的时候按下它的屁股

顺利地度过社会化期之后，主人刚觉得狗狗长大了，有时候却又会出现狗狗突然不听主人话的情况。

狗狗会不听刚记住的"坐下""停"的指令，但这种情况是它们故意的。如果主人此时想要伸手摸摸狗狗的头，很有可能会被它们咬，这种反抗或攻击的反应尤其会出现在对象是小朋友或者女性的情况下。对于主人来说，比起被咬的痛楚，更令人感到难过的应该是为什么自己的爱犬会变成这样吧。

狗狗态度的反转一般开始出现在出生后 4~7 个月，用人类的话来说就像是青少年的叛逆期。这种情况在狗狗的成长道路中一般都会出现，所以没有必要过分担心。不过，如果这个时期主人采取了错误的应对方式，狗狗以后可能还会惹出许多麻烦，所以还是需要注意的。

狗狗是严格遵循尊卑关系的动物。但是年龄还小的狗狗并不能清楚地对自己的地位有一个认知。因此它们想要通过反抗来确认自己的行为尺度、了解自己的地位。

在集体中，只有老大才能做出反抗（任性）的行为。也就是说，如果主人对狗狗的叛逆行为抱着一种"没办法，算了吧"的想法去原谅它，狗狗就会认为自己才是老大。

为了不让狗狗误认为自己才是老大，这个时期一定要让狗狗做到绝对服从主人。发出"坐下"指令的时候如果狗狗不服从，可以硬按它的屁股让它坐下。如果狗狗不坐下而主人只是一味口头上重复"坐下"的话，只会产生相反的效果。不管怎么说，即便一次也好，一定要让狗狗听指令。

像这样，主人要告诉狗狗它的任性是不被允许的，要让狗狗认同主人才是老大。

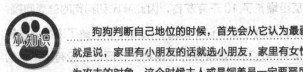
狗狗判断自己地位的时候，首先会从它认为最弱的对象开始。也就是说，家里有小朋友的话就选小朋友，家里有女性的话就选女性作为攻击的对象。这个时候主人或是饲养员一定要严厉地训斥狗狗。

公狗在去势手术后攻击性会减弱，变得不易患病

如果体重增加的话需要注意热量的摄入

如果公狗在发情期没能交配的话，它们会产生很大的压力。如果主人没有让狗狗繁衍下一代的计划，我们普遍认为带公狗去做去势手术对它们来说也会是一个比较幸福的选择。

去势手术是指除去公狗精巢（也就是睾丸）的手术。如果失去了精巢，它们就不能分泌雄性荷尔蒙了，当然这种变化还会体现在狗狗的心理、行为以及身体上。

首先，狗狗的性格会变得温顺。由于它们对其他狗狗的攻击性消失了，所以对主人们来说基本不会再被卷入狗狗们的纷争中，是一个令他们惊喜的变化。有些主人会觉得爱犬做了去势手术之后性格并没有发生变化，其实这只是对于人类性格没有发生改变而已。

冷漠的狗狗突然对人变得亲近这种事是不会发生的，它们的性格最多只是在面对其他公狗时发生了变化而已。所以请主人不要抱着很大的期望。

除此之外，如果在公狗学会做标记之前就带它去做去势手术的话，有很高的概率以后就不会到处做标记了。但如果公狗已经学会做标记了，再带它去做去势手术的话，以后不做标记的概率只会降低到 50% 以下。

公狗去势手术之后还有一个好处，那就是会变得不易患病。特别是前列腺肥大、疝气以及肛门周边的癌变，这些病的发病率都有显著降低，还有很多例子指出狗狗的寿命能够延长 3~5 年。

但是，很多做了去势手术的狗狗体重增长很明显。有些狗狗甚至增长了 10 千克左右，因此考虑到狗狗的健康问题，也会令人感到不安。这是因为，相对来说，做了去势手术的狗狗体内雌性荷尔蒙发挥的作用更大，所以并没有根本性的对策。请主人用控制狗狗热量摄入的方法来预防狗狗的肥胖。

做去势手术的好处

公狗的行为特征

绝育手术后的母狗会有

病的好处 也有预防疾

母狗会因一年两次的发情期而出现情绪不稳定的情况。为了避免这样的性格变化，比较有效的手段就是绝育手术。

绝育手术的具体操作方法就是切开母狗的肚子，然后同时摘除狗狗的卵巢与子宫。虽然后期恢复对狗狗来说也有比较大的负担，但是如果主人没有让狗狗繁衍下一代的想法，为了避免狗狗意外怀孕，绝育手术还是应该做的。

以前常听到让母狗生过一胎之后再绝育比较好的说法，但是这种说法是没有科学依据的。

做了绝育手术的母狗在性格以及行为上也会发生变化。具体来说，即便是母狗，它们也会做出骑在其他狗狗身上、抬腿做标记以及对其他的狗狗发起攻击的行为。

这是因为，做了绝育手术之后母狗体内的荷尔蒙发生了变化，一时间雄性荷尔蒙的影响凸显了出来才引起了这样的现象。

荷尔蒙平衡的崩坏会渐渐好转，与此同时，上述这些行为也会渐渐消失。所以不需要过度担心。

绝育手术还有预防疾病的好处。由于已经摘除掉子宫和卵巢，母狗容易患上的子宫蓄脓症的概率大大下降，乳腺发炎或是癌症的发病率也会大幅降低。

缺点在于狗狗年龄大了之后，有尿失禁的风险。但是患上这种病的概率在 1/1000 以下，这种情况下只要给狗狗吃荷尔蒙药剂就可以治愈，所以请不要担心。

公狗小便时不抬腿是腰和腿出现疾病的表现

其实这种姿势对狗狗来说很累

像之前所介绍的，即使是公狗，也可以通过训练让它们做到蹲下尿尿。但是有时候，明明主人没有训练过，但不知道从什么时候开始，狗狗却蹲下尿尿了。

有些主人会觉得狗狗这样尿尿看起来比较美观，真是太好了，但事实上这并不是什么好征兆。原因在于这种尿尿的方式说明狗狗腰腿的状态并不好。

和人类一样，狗狗保持单脚站立的姿势会对身体造成负担。也就是说，狗狗在尿尿的时候不再单脚站立，是因为它们的身体已经不能承受这种负担了。特别是十多岁的狗狗，这种姿势对它们来说太辛苦了。

这种姿势的变换多见于夏秋季节。原因在于，主人认为夏天的酷热对老年犬来说很难熬，于是减少了散步的时间、缩短了散步的距离，但因此狗狗的肌肉就会弱化。除此之外还有一个原因，那就是狗狗上了年纪的话容易得夏季倦怠症，饭量减少，全身的肌肉量也会随之减少。

话虽如此，可如果突然增加散步的时间或是增长散步的距离，狗狗受伤的可能性就会上升。所以最好是一点点增加散步的时间、距离，与此同时喂给狗狗营养价值比较高的食物。

其中也有因为腿脚生病而抬不起腿的公狗。狗狗对很轻柔的按摩也表现出抗拒的话，很有可能是得关节炎或是风湿病了，请尽快带它去医院。

除此之外，金毛、拉布拉多、德国牧羊犬这些犬种如果抬不起腿的话，很有可能是它们贯穿背部的脊髓末端由于某些原因受到了压迫。这种情况下，必须要带它们去医院接受诊疗。

 很多人觉得狗狗尿尿的时候，公狗会抬起一只脚而母狗则会采取蹲下的姿势。但是，如果有些公狗在生殖能力成熟之前过早做了去势手术，即便没有特别教它，它也有可能会蹲下尿尿，而有些性格比较强势的母狗也有可能会采取抬起一只脚的姿势上厕所。

第 5 章　公狗和母狗的行为学

🐾 内容提要

狗狗行为的背后，藏着狗狗想对我们说的话，学会读懂它们，才能与狗狗顺利交流，甚至解决狗狗的行为问题。

本书通过 100 多篇有趣易懂的文章和可爱的插图，教我们通过狗狗日常的行为和动作来判断狗狗在想什么。书中包含了各种与狗狗相处过程中可能会遇到的情况，如摇尾巴不一定代表开心，找不到厕所可能是厕所和小窝离得太近，浴后在地上打滚是为了找回自己的气味，追着自己的尾巴绕圈是狗狗的解压方式，突然发起攻击说明有罹患大病的隐患，生殖器见血是发情期临近的表现……作者通过分析行为背后的原因，给我们提供了与狗狗相处的科学指导。

本书适合每一位爱狗人士阅读，通过阅读本书，希望你能更懂自己的狗狗，享受与狗狗的愉快相处！